はじめに

　経営者や部門長といった経営層，部長や課長などの管理者層，技術者やスタッフあるいはQCサークル活動に参画している職場第一線まで，その立場に関係なく，私たちには，日々の活動を通じて何らかの問題の解決が求められます．

　そうした問題解決で取り上げられる問題には，「あるべき水準」を達成できていない原因を明らかにしたうえで，再発防止を図る "発生型の問題" があります．また，将来の「ありたい姿」を実現するために，現時点で解決しておかなければならない "バックキャスティング的な問題" があります．経営層には，後者のタイプの問題を解決することが求められ，職場第一線では前者のタイプの問題を解決することが求められるという考え方がありました．しかし，今日では，その職位の上下に関係なく，「現状や将来を考えたときに何らかの対応を必要とする事象が問題である」と考えるほうが一般的であると思います[1][2][3]．

　筆者は，これまでにも問題解決に関係する書籍を数冊執筆してきました[4][5][6]．しかし，それらの書籍では，QC七つ道具，新QC七つ道具，検定と推定，分散分析法などのQC手法を個別に解説することが中心となり，問題解決活動におけるQC手法の組合せ活用について十分に解説してはいませんでした．

　QC手法の勉強をはじめるとなると，その数理的な側面から解説がなされる場合が多く，実践を求める読者には縁遠くなってしまいます．また，QC手法の使い方に関する入門書となると，企業における実践例とは縁遠い事例を用いたものが取り上げられ，実務者には不満の残ることが多くなります．

　筆者は，数社の企業における実践研究会や指導会の場を通じて，QC

はじめに

手法を理解するためには，それらの手法を活用した成功事例の提供が重要であると認識しています．また，QC手法に興味をもっていただくためにも，入門書の域を少しだけ越えた実践書であって，初心者にも「なるほど」と理解することのできる書物が必要であると考えてきました．

日科技連出版社の田中健社長や戸羽節文氏は，そのような筆者の思いを受け止めていただき，筆者が長年切望してきた『問題解決のためのQC手法の組合せ活用』を執筆することになりました．しかし，執筆のためにPCの前に座って考え始めると企業の秘密情報の壁と直面し，提供できる話題に限界のあることが問題として浮上してきました．そうした壁を越えるため，筆者が実践で直面した素材を題材として，取り上げる特性や要因を工夫することで，QC手法の上手な組合せ活用事例を用いて，筆者の考えることを紹介しています．個々の手法に対する数学的な説明や活用手順などについては可能な限り割愛し，QC手法活用による成功事例の提供を心がけています．

第1章ではQC七つ道具を中核としたQC手法の組合せ事例，第2章では現場で取得されたデータを解析するためのQC手法の組合せ事例，第3章では計画的に収集されたデータを解析するためのQC手法の組合せ事例，第4章ではビッグデータと呼ばれる多変量データを解析するためのQC手法の組合せ事例を中心として紹介しています．

最後に，本書の出版に当たり，辛抱強く脱稿を待ち続けていただき，やさしくも厳しくご指導いただいた日科技連出版社の田中健社長と戸羽節文氏および文章のつたなさを指摘いただいた木村修氏には，この場を借りて，心より御礼を申し上げます．

2016年3月

猪原正守

問題解決のためのQC手法の組合せ活用
目　次

はじめに………ⅲ

第1章　QC七つ道具の上手な組合せ活用………1
1.1　部門の重点実施項目策定………3
1.2　QCサークル活動の活性化………5
1.3　ボルト締結不良の改善………7
1.4　新製品立上げ時の工程改善………15
1.5　慢性設備故障の改善………23

第2章　統計的方法の活用による日常管理データの解析………29
2.1　熱帯魚の騒動………31
2.2　公差設計の基本………33
2.3　信頼区間の重要性………36
2.4　QCサークルの成長度を測る………37
2.5　製造工程における良品条件の追究………42
2.6　回帰分析による最適製造条件の探索………50
2.7　MTシステムによる良品と不良品の判別………55

目 次

第3章 実験計画法の活用……61

3.1 二元配置分散分析……64

3.2 乱塊法による一元配置分散分析……70

3.3 共分散分析……73

3.4 直交表による一部実施実験……78

3.5 回帰分析法と実験計画法の組合せ……81

3.6 直交表による分割実験……88

第4章 多変量データ解析法の活用……93

4.1 数量化Ⅲ類……95

4.2 パス解析……103

4.3 QCサークル活性化の重要要因探索……105

4.4 試作試験における不良要因の分析……112

おわりに……119

参考文献……121

索引……123

装丁・本文デザイン＝さおとめの事務所

第1章

QC七つ道具の上手な組合せ活用

問題解決における QC 手法の上手な活用法といえば，何をイメージされるでしょう．現場の品質，原価，納期などにかかわる問題解決のために QC 手法を学習あるいは実践している読者の多くは，チェックシート，グラフ，パレート図，特性要因図，ヒストグラム，散布図，管理図の QC 七つ道具をイメージされるのではないでしょうか．石川[7]は，「経営問題の 7 割は QC 七つ道具の活用によって解決できる」とまで述べています．

QC サークル活動に代表される職場第一線の小集団活動において活用される QC 手法の大半は QC 七つ道具であって，職場第一線で発生したり発見されたりする問題の多くは，QC 七つ道具の活用によって解決されています．

本章では，特性要因図とチェックシートを除く QC 七つ道具の組合せ活用の方法を紹介したいと思います．なお，ここで紹介する事例は，筆者が指導または共同研究を行っている企業で遭遇した実践事例をベースにしているのですが，それらの企業にご迷惑が及ばない範囲で取り上げるものであって，取り上げている特性と要因，あるいはそれらのデータは編集あるいは加工していることをお断りしておきます．

1.1 部門の重点実施項目策定

QC 七つ道具は，QC サークル活動に代表される小集団活動など，職場第一線における問題解決活動において活用されることが多いため，「QC 七つ道具＝職場の小集団活動で活用されるツール」と思われるかもしれません．しかし，朝香[8]，谷津[9][10]，山田[11]，などは，TQM 活動の核である経営方針策定プロセスで中心となる管理ツールとして QC 七つ道具，特に，グラフとパレート図の重要性を指摘しています．

TQM 活動の中でもっとも重要なステップは，経営トップの意思を反映した中長期経営計画を受け，部門の年度重点実施項目を設定するステップです．そのため，部や室あるいは課などの各部門長には，それぞれの部門を取り巻く外部要因と内部要因に関する事実データ，予測デー

第1章　QC七つ道具の上手な組合せ活用

タ，推測データなどの各種言語データや数値データを収集し，それらのデータに基づく重点実施項目を選定することが求められます．グラフやパレート図は，そこで得られる数値データに基づく重点実施項目の選定において重要な役割を果たします．

某社では，TQM活動の一環として年度重点実施項目を設定し，全員参加の改善活動を展開しています．また，経営トップの強いリーダーシップで海外現地法人，特に中国の現地法人におけるTQM活動を推進しています．ある年，中国現地法人の指導会において，技術開発部門の年度重点実施項目として，「技術力向上による新規技術開発件数の目標必達」という方針が取り上げられました．

このとき，「この方針を取り上げた理由を説明するため，目標未達に至った技術開発テーマに対する要因別パレート図を見せてください」とお願いしたところ，次のパレート図が提出されました(図1.1)．

このパレート図が正しいとすれば，「開発進捗管理の徹底」が必要であって，「技術力の強化によって，目標開発件数を達成することはできないかもしれない」と思われるでしょう．新規技術開発件数の年度目標未達に直面したとき，直観的には，技術力の不足が原因であると思われるのですが，事実を調べると違う原因が主犯であることに気づきます．

部門の年度重点実施項目設定というTQM活動の重要ステップにおい

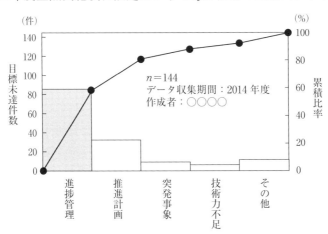

図1.1　新規技術開発目標未達要因別パレート図

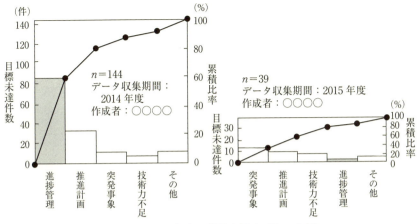

図 1.2　2015 年度の効果を示すパレート図

て，事実データに基づいた論理的な議論を行うことの大切さは，ロジカルシンキングに関する書物などで繰り返し指摘されることなのですが，うまく活用できていない場合も多いのではないでしょうか．同社の場合，図 1.1 のパレート図を作成できていたことでもわかるように，不具合原因の究明が行われていたため，「その方針ではないでしょう！」という指摘に基づいて正しい方針を策定することができ，年度末に作成された効果を示す 2014 年度と 2015 年度を比較したパレート図は図 1.2 のようになっていて，結果として，年度末には新規技術開発件数目標を達成できています．

1.2　QC サークル活動の活性化

　某社の QC サークル推進事務局では，QC サークル活動を活性化するための重点方策を検討していました．しかし，重点方策策定において重要な現状の悪さを物語る事実データの収集が容易でなく，サークルメンバーや上司に対するアンケート調査を行ってみても本質に迫る「なるほど，そうだったのか」という魅力的な発想を得ることができない状況でした．

　そんなとき，ビックデータ解析法の一つの CAID (Categorical Auto-

表 1.1 QC サークル活動に関する調査データ

社外発表		サークル活動		上司支援		テーマ選定関与	
積極的	353	活発	257	有	157	有	107
						無	50
				無	100	有	70
						無	30
		不活発	96	有	36	有	23
						無	13
				無	60	有	48
						無	12
消極的	1357	活発	154	有	33	有	13
						無	20
				無	121	有	16
						無	105
		不活発	1203	有	35	有	17
						無	18
				無	1168	有	10
						無	1158

matic Interaction Detector)と呼ばれる多重クロス分析法[12]の考え方が紹介されたのを見た担当者が，QCサークル活動に関する社内実態調査の結果を表1.1のように整理してみました．

この調査結果を，CAID分析によって表現することを考えました(図1.3)．ここでは，サークル活動が活発かどうかを「社外発表への積極性」，「上司の支援の有無」，「上司の支援」，「上司のテーマ設定に対する関与の有無」によって逐次的に円グラフを用いて表しています．

この図1.3を見ると，社外発表に積極的になる割合は，「上司が積極的にテーマ選定に関与しているかどうか」に依存していることが見て取れます．得られた結論は，ある意味で当然の結果なのですが，このようにデータを多重分類によって整理し，グラフ化することで，第三者に対してわかりやすい結論の表示ができることがわかります．

問題解決に関する入門者や啓蒙書では，「問題の見える化」や「関係者の巻込み」が大切であって，そのためには，事実を図表現によってわ

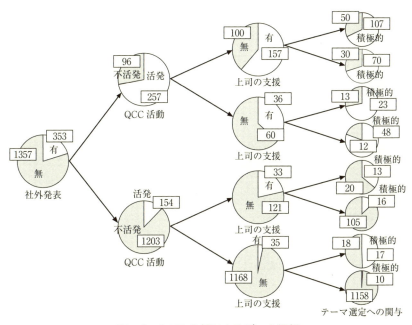

図 1.3 CAID 分析によるデータ解析

かりやすく示すことが大切であるといわれます．この事例の場合にも，表 1.1 のデータを見せるのではなく，図 1.3 の図表現によって見せることが大切であって，その意味で，グラフの活用が大切になるのです．

自分(たち)が抱えている問題や発想を第三者にわかりやすく提示するためには，その内容を十分に理解していることが前提条件となるのですが，逆説的にいえば，「わかりにくい資料を提示している」ということは，抱えている問題や発想に対する理解が不足している証左でもあるのです．

1.3　ボルト締結不良の改善

　某社の製造工場には，自動車のオートトランスミッションに組み込まれる鋼材部品を，鋼材メーカーから購入した素材に各種の部品を組み付けた後，2 台の締結機 A，B によって鋼材を締結する工程があります．しかし，顧客の増産に対応するため締結機の製造条件を変更してから，

顧客の組立工程においてボルトの緩み不良が発生するようになり，品質技術員室と生産技術部の技術者たちが改善テーマとして取り上げた活動を行うことになりました．ここでは，そのときのQCストーリーに沿った改善活動とQC七つ道具の上手な活用のあり方を紹介したいと思います．

1.3.1 現状把握

(1) 工程能力の把握

ボルト緩み不良が客先工程で発見されているという状況は，最悪の場合には市場流出不良という問題に進展するリスクのある重大問題です．製造工程では，ボルト緩み不良の発生を防止するため，ボルトの高さ寸法(以下，「高さ寸法」といいます)を日々測定して管理しているため，その製造記録から10日間の寸法データを収集しました(表1.2)．

表1.2 ボルトの高さ寸法データ($\times 10^{-1}$)

加工機 A					加工機 B				
No.	x_1	x_2	x_3	x_4	No.	x_1	x_2	x_3	x_4
1	79	67	76	78	1	111	97	104	102
2	82	83	79	72	2	99	99	94	100
3	79	74	68	84	3	108	104	92	106
4	77	79	77	74	4	99	99	111	109
5	73	71	73	71	5	105	89	101	108
6	77	76	79	73	6	91	105	103	95
7	73	76	75	66	7	90	99	100	87
8	76	74	76	77	8	107	107	97	102
9	71	75	74	76	9	99	110	100	104
10	77	78	76	76	10	93	95	105	99
11	97	88	80	95	11	116	108	118	102
12	93	89	77	91	12	108	105	101	107
13	90	101	73	89	13	114	112	115	105
14	99	82	91	89	14	97	111	112	101
15	85	94	80	83	15	103	114	116	111
16	88	83	82	99	16	110	115	114	107
17	95	97	95	76	17	113	108	106	112
18	78	97	87	91	18	112	104	108	107
19	86	88	87	92	19	103	108	110	106
20	86	79	70	75	20	108	116	104	106

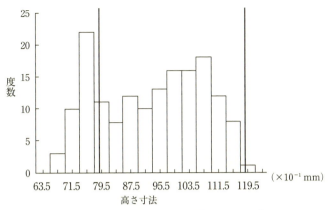

図1.4 すべての高さ寸法に対するヒストグラム

① すべてのデータによるヒストグラム

まず,現状の工程能力を把握するため,表1.2のすべてのデータを用いて高さ寸法に対するヒストグラムを作成しました(図1.4).

高さ寸法の上限規格値(S_U)は11.9(mm),下限規格値(S_L)は7.9(mm)と規定されています.図1.4のヒストグラムは高原型をしていて,上限規格と下限規格を逸脱する寸法不良が発生しています.

② 締結機別の層別ヒストグラム

ヒストグラムが高原型をしていることから,締結機別にデータを層別した解析を行う必要性が認められるため,締付機別の層別ヒストグラムを作成しました(図1.5).

図1.5をみると,締結機Aには下限規格を逸脱する寸法不良が発生しており,締結機Bには上限規格を逸脱する寸法不良が発生しています.

③ 締結機と材料メーカーの組合せ層別ヒストグラム

図1.5の締結機Aによるヒストグラムは高原型の傾向が認められるため,さらにデータを層別する必要があると思われます.メンバーで層別要因を検討したところ,鋼材を2社の鋼材メーカー(P社とQ社)から購入しているため,機械と鋼材メーカーの組合せによってデータを層別してみることにしました(表1.3と図1.6).

第1章　QC七つ道具の上手な組合せ活用

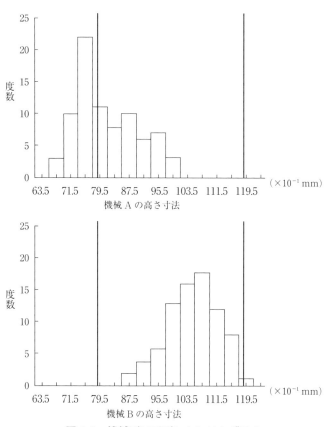

図1.5　機械別に層別したヒストグラム

　図1.6のヒストグラムをみると，それぞれの層別ヒストグラムが示す高さ寸法は正規分布に従っていると推察できます．しかし，締結機Aによる高さ寸法の平均値は下限規格側に寄っていて，締結機Bによる高さ寸法は上限規格側に寄っているという違いがあることと，P社の材料を用いて締結機Bで製造したものには寸法不良がなく，その他のケースに寸法不良が発生していることがわかります．

　また，各層別ヒストグラムの工程能力を見ると，締付機B×材料メーカーP社のヒストグラムのみが工程能力1.00を超えています．

表 1.3　締結機×材料メーカーの層別データ($\times 10^{-1}$)

No.	締結機 A×P 社				No.	締結機 A×Q 社			
	x_1	x_2	x_3	x_4		x_1	x_2	x_3	x_4
1	79	67	76	78	1	97	88	80	95
2	82	83	79	72	2	93	89	77	91
3	79	74	68	84	3	90	101	73	89
4	77	79	77	74	4	99	82	91	89
5	73	71	73	71	5	85	94	80	83
6	77	76	79	73	6	88	83	82	99
7	73	76	75	66	7	95	97	95	76
8	76	74	76	77	8	78	97	87	91
9	71	75	74	76	9	86	88	87	92
10	77	78	76	76	10	86	79	70	75

No.	締結機 B×P 社				No.	締結機 B×Q 社			
	x_1	x_2	x_3	x_4		x_1	x_2	x_3	x_4
1	111	97	104	102	1	116	108	118	102
2	99	99	94	100	2	108	105	101	107
3	108	104	92	106	3	114	112	115	105
4	99	99	111	109	4	97	111	112	101
5	105	89	101	108	5	103	114	116	111
6	91	105	103	95	6	110	115	114	107
7	90	99	100	87	7	113	108	106	112
8	107	107	97	102	8	112	104	108	107
9	99	110	100	104	9	103	108	110	106
10	93	95	105	99	10	108	116	104	106

(2)　工程の管理状態の把握

　締付機 B による高さ寸法には不良の発生頻度が少ないことがわかったのですが，工程の安定状態を確認するため，$\bar{X}-R$ 管理図を作成してみることにしました(図 1.7)．

　図 1.7 の管理図をみると，材料メーカー Q 社の R 管理図には上部管理限界(UCL)を超える点があることから，工程が統計的安定状態にあるとはいえないことがわかります．一方，材料メーカー P 社の $\bar{X}-R$ 管理図は管理限界を超える点もなく，点の並び方に特筆すべきクセもないため，工程は統計的安定状態にあることがわかります．また，2 社の材料メーカーによる $\bar{X}$ 管理図における中心線をみると，ボルトの高さ

第1章　QC七つ道具の上手な組合せ活用

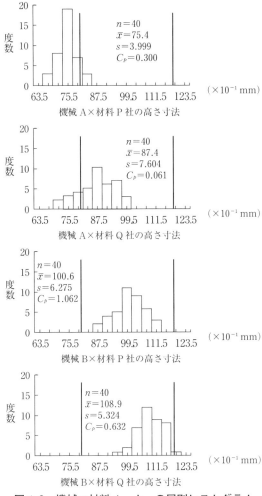

図1.6　機械×材料メーカーの層別ヒストグラム

寸法に0.8(mm)ほどの差が発生していることがわかります．

1.3.2　要因の解析

　同じ締結機Bを用いているP社の鋼材とQ社の鋼材間で何が違っているかについて，特性要因図を使って討議したところ，「成分C_1とC_2の含有率(%)に違いがあって，それが高さ寸法に影響しているのではないか」という仮説が指摘されました．

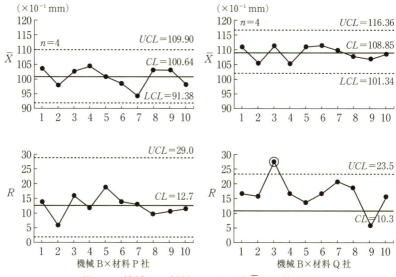

図 1.7　機械 B の材料メーカー別 $\bar{X}-R$ 管理図

(1) 散布図の活用

そこで，工程管理記録を調べ，散布図を作成してみました(表 1.4 と図 1.8)．

図 1.8 をみると，成分 C_1 の含有率が高めの値になっている Q 社の 3 ケースに高さ寸法不良が発生していることがわかります．

(2) 回帰分析法の活用

この結果を受けて，高さ寸法と成分含有率の因果関係を把握するため，P 社のデータによる成分 C_1, C_2 の含有率を説明変数，高さ寸法を目的変数とした回帰分析を行うと，表 1.5 の結果が得られ，自由度調整済み寄与率は $R^{*2}=0.802$ であることがわかりました．

この結果として得られた回帰式

$$\text{高さ寸法} = 78.13 + 1.11 \times \text{成分 } C_1 \text{ の含有率} + 0.89$$
$$\times \text{成分 } C_1 \text{ の含有率}$$

を用いて，成分 C_1 の含有率 13.0(％)と成分 C_2 の含有率 22.0(％)において求めた高さ寸法に対する信頼率 95％の予測区間が(105.4, 118.8)とな

第1章　QC七つ道具の上手な組合せ活用

表1.4　メーカー別の成分含有率と高さ寸法

No.	P社			Q社		
	成分C_1	成分C_2	寸法	成分C_1	成分C_2	寸法
1	5.5	10.3	90	17.3	24.9	116
2	15.6	12.0	105	16.0	14.2	110
3	6.1	16.8	99	18.0	13.3	109
4	3.3	16.0	97	13.8	12.0	113
5	5.1	13.5	95	13.4	20.9	109
6	3.2	14.6	96	17.3	17.2	112
7	13.3	15.1	111	10.2	3.8	98
8	13.8	15.7	113	20.9	10.5	112
9	13.5	22.7	111	22.0	27.7	118
10	10.9	11.3	98	20.8	6.6	110
11	12.1	15.9	102	18.4	19.7	113
12	4.5	18.7	101	18.6	19.3	112
13	13.6	16.6	112	27.5	12.6	120
14	5.3	13.3	94	11.3	7.3	107
15	1.6	9.5	89	26.5	25.2	121
16	8.1	10.2	96	20.5	14.4	116
17	7.0	22.5	104	18.4	21.9	114
18	7.7	10.9	99	27.8	27.0	129
19	8.4	17.2	98	19.8	20.1	112
20	5.6	26.0	109	10.5	14.8	104
21	12.5	12.8	105	11.5	10.3	101
22	10.4	17.8	106	21.0	12.9	113
23	3.9	10.0	90	11.1	5.6	107
24	3.1	13.4	95	18.3	3.5	108
25	12.3	7.9	102	15.4	18.2	113
26	3.6	10.3	91	10.5	16.0	104
27	4.2	19.2	106	20.7	20.6	109
28	8.3	15.3	96	16.6	16.3	109
29	13.0	16.7	104	11.6	3.9	102
30	11.9	16.2	103	16.9	12.0	101

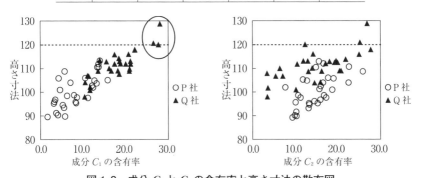

図1.8　成分C_1とC_2の含有率と高さ寸法の散布図

表 1.5　回帰分析の結果

説明変数	分散比	P 値	偏回帰係数	標準偏回帰
定数項	1170.51	0.000	78.13	
成分 C_1	65.26	0.000	1.11	0.67
成分 C_2	44.01	0.000	0.89	0.55

ることから，これらの値を上限とするように鋼材メーカーへ依頼することで問題を解決に導くことができました．

1.4　新製品立上げ時の工程改善

　某社は，自動車や建設部材として用いられるボルトを製造しています．最近，従来よりも高硬度で製造原価率を下げるボルト製造技術の開発に成功し，新規顧客の商権を獲得できました．しかし，新製品の宿命なのかいくつかの品質不具合が発生していました．

　これまでのボルトにおいても，鍛造工程における多方向からの圧縮ストレスによって，部品のキズやムシレあるいはハガレなどの品質不具合が慢性的に発生していました．しかし，新製品の工程内不良率は，従来の 10 倍を超える高い値で推移していたため，その問題解決に取り組むことになりました．以下では，その改善ステップにおける QC 七つ道具の活用を紹介します．

1.4.1　現状把握

　まず，直近の 30 日間におけるボルトの不良現象を製造記録から収集して，表 1.6 のように整理してみました．

　この期間における工程内不良率は 0.12% で，1000 本に 1 本が何らかの不具合で廃却されていることになります．このような慢性不良の撲滅をねらう問題解決活動においては，"小さく産んで大きく育てる" という妊婦の心，すなわち，重点指向の考え方が大切であると教えられるため，表 1.6 のデータからパレート図を作成してみることにしました(図 1.9)．

　この図 1.9 をみると，キズ不良が全体の 50% 弱を占めているため，

表 1.6　ボルトの不具合事象別データ

No.	生産数量	キズ不良	ムシレ不良	ハガレ不良	ワレ不良	凸不良	その他
1	71180	46	23	12	3	1	6
2	69650	29	21	12	6	2	6
3	70120	39	18	11	4	0	7
4	69380	33	17	8	5	1	6
5	69970	41	22	9	7	2	3
6	70260	37	21	11	9	1	4
7	69840	39	18	12	8	4	2
8	69850	44	12	12	2	3	7
9	69600	47	17	10	5	1	7
10	70270	43	17	12	1	5	6
11	70440	40	19	8	2	3	3
12	70260	44	22	8	5	3	7
13	70990	46	16	10	2	3	3
14	69910	42	19	6	3	1	9
15	70170	40	20	14	5	3	5
16	69800	46	16	8	8	4	3
17	70080	41	19	9	9	0	5
18	69500	48	17	7	0	2	6
19	70490	35	18	9	9	1	8
20	69200	38	15	10	3	2	5
21	69820	22	22	8	8	3	5
22	70700	42	18	8	5	2	3
23	70060	41	20	9	2	1	7
24	69910	41	22	9	1	6	7
25	70040	47	15	10	4	1	10
26	70710	43	17	8	5	1	9
27	70180	39	18	8	6	2	4
28	70490	41	17	16	4	2	4
29	70280	35	26	7	8	7	4
30	69760	39	26	5	9	1	7

この「キズ不良問題」を解決する必要があることがわかります.

1.4.2　要因の解析

(1)　管理図の活用

　キズ不良が頻発していることはわかったのですが，工程内における「キズ不良」は慢性的に発生しているのでしょうか．このことを明らかにするため，生産工程管理板をみると，そこには日々のキズ不良発生率を示す推移グラフが掲載されていました(図 1.10).

　この推移グラフをみると，目標値である 600 ppm を超える不良率の

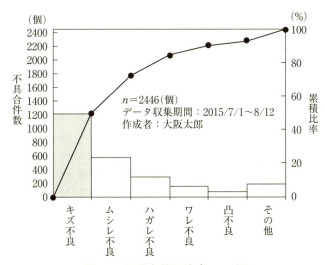

図 1.9　不具合項目別パレート図

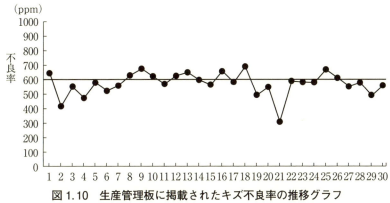

図 1.10　生産管理板に掲載されたキズ不良率の推移グラフ

生産日が多数あることがわかります．しかし，生産工程におけるキズ不良率にはばらつきがあるため，慢性的にキズ不良が発生しているかどうかは，統計的検定を通して解析してみる必要があります．

ここで，"慢性的である"とは，「日々の生産におけるキズ不良の不良率が一定である」，すなわち，「母集団が時間に対して変化していない」ということと理解できます．これを統計的に検定する方法として管理図の考え方があるため，上記の推移グラフに上部管理限界(UCL)と下部管理限界(LCL)および中心線(CL)を書き加えた管理図を作成してみる

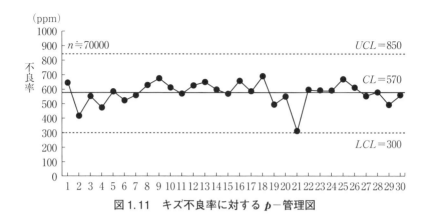

図1.11 キズ不良率に対する p -管理図

ことにしました（図1.11）．

図1.11の管理図をみると，すべての点が上部管理限界と下部管理限界を示す点線内にあるため，生産工程におけるキズ発生率は統計的に安定した状態にあるといえそうです．統計的に安定した状態にあるといえば，良いことのように思われますが，この場合は，"安定的に不良が出ている"という意味であるため，キズ不良は慢性的に発生していることがわかります．

(2) 層別された p -管理図の活用

ここで，図1.11の p -管理図を注意深くみると，ほとんどの点が

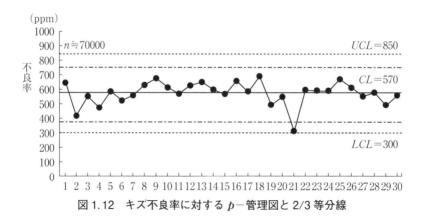

図1.12 キズ不良率に対する p -管理図と2/3等分線

UCL や LCL と CL の幅の 2/3 内にあることがわかります(図 1.12).

　管理図が統計的に安定した状態にあるかどうかを判定する基準には，JIS 規格を参照することになるのですが，①管理外れの点がないこと，②点の並び方にクセがないことなどが基本です．図 1.12 の管理図では，点が 3 シグマ法で作成した管理限界と中心線の幅の 2/3 以内に集中しているため，図 1.12 の管理図は統計的な安定状態にないということになります．

　このような中心化傾向のある場合には，性質の異なる複数の母集団における不良率が混在している可能性があるため，データを層別してみる

表 1.7　層別した不良個数データ

No.	A 社			B 社		
	生産量	不良個数	不良率	生産量	不良個数	不良率
1	36590	21	573.927	34590	25	722.752
2	35825	10	279.135	33825	19	561.715
3	36060	16	443.705	34060	23	675.279
4	35690	9	252.171	33690	24	712.378
5	35985	19	527.998	33985	22	647.344
6	36130	18	498.201	34130	19	556.695
7	35920	13	361.915	33920	26	766.509
8	35925	15	417.537	33925	29	854.827
9	35800	13	363.128	33800	34	1005.917
10	36135	27	747.198	34135	16	468.727
11	36220	13	358.918	34220	27	789.012
12	36130	16	442.845	34130	28	820.393
13	36495	24	657.624	34495	22	637.774
14	35955	13	361.563	33955	29	854.072
15	36085	15	415.685	34085	25	733.460
16	35900	28	779.944	33900	18	530.973
17	36040	14	388.457	34040	27	793.184
18	35750	24	671.329	33750	24	711.111
19	36245	13	358.670	34245	22	642.430
20	35600	11	308.989	33600	27	803.571
21	35910	1	27.847	33910	21	619.286
22	36350	19	522.696	34350	23	669.578
23	36030	15	416.320	34030	26	764.032
24	35955	20	556.251	33955	21	618.466
25	36020	23	638.534	34020	24	705.467
26	36355	16	440.105	34355	27	785.912
27	36090	11	304.794	34090	28	821.355
28	36245	16	441.440	34245	25	730.034
29	36140	10	276.702	34140	25	732.279
30	35880	14	390.190	33880	25	737.898

第 1 章 QC 七つ道具の上手な組合せ活用

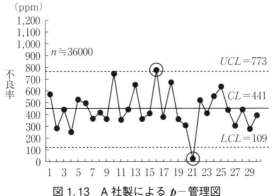

図 1.13　A 社製による p －管理図

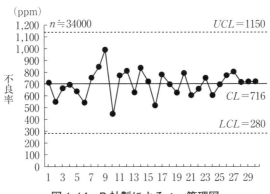

図 1.14　B 社製による p －管理図

ことが大切になります．この事例では，サークルメンバーが議論したところ，素材を A 社と B 社の 2 社から調達していることがわかり，表1.6 のデータを 2 社で層別するとともに，層別した p －管理図を作成しました（表 1.7 と図 1.13，図 1.14）．

図 1.13，図 1.14 の層別された p －管理図をみると，A 社製の素材によるボルトのキズ不良率は，B 社製の素材によるボルトのキズ不良率よりも，300 ppm ほど低いことがわかります．また，A 社製の素材による p －管理図には，UCL を超える異常に高い不良率の日がある反面，LCL を超える異常に不良率の低い，すなわち，良い異常が発生していることもわかります．

(3) ヒストグラムの活用

ここまで明らかになると，A社製の素材とB社製の素材に何かの違いがあるのではないかと疑われます．メンバーで議論したところ，「各社の素材硬度に違いがあるのではないか」という疑問が生まれ，入荷検査における測定値を調べることにしました（表1.8）．

このような素材硬度に関する多数データを用いたメーカー別の違いを調べるためには，ヒストグラムを作成することが基本的な方法です（図1.15）．

これらのヒストグラムをみると，A社製の素材硬度よりもB社製の

表1.8 A社製の素材とB社製の素材の強度データ

No.	A社製の硬度				B社製の硬度			
	x_1	x_2	x_3	x_4	x_1	x_2	x_3	x_4
1	89	100	95	108	92	116	96	97
2	102	107	87	104	84	51	96	87
3	103	88	116	99	87	76	69	81
4	98	104	92	88	93	73	67	86
5	93	110	93	95	113	108	97	102
6	121	109	108	102	87	85	82	91
7	102	97	107	112	59	104	95	75
8	112	105	102	89	68	67	91	96
9	102	89	109	88	96	92	55	58
10	102	109	98	107	92	92	79	80
11	112	106	101	88	99	103	107	94
12	95	85	111	95	72	42	46	104
13	95	93	103	115	85	79	98	112
14	99	95	127	92	97	86	103	101
15	98	108	103	101	99	101	93	79
16	113	111	97	106	80	82	96	74
17	88	96	85	117	96	86	77	98
18	101	97	117	106	83	72	102	99
19	104	96	112	95	86	98	98	92
20	108	102	98	101	52	69	104	65
21	96	106	104	96	60	72	70	78
22	103	94	92	102	86	69	74	88
23	110	116	104	109	86	80	72	82
24	87	102	95	104	61	78	74	62
25	89	92	118	123	74	65	65	106
26	104	79	97	124	91	73	92	73
27	84	105	117	99	72	97	96	86
28	85	116	105	98	89	87	75	115
29	101	116	107	115	77	90	88	106
30	108	82	107	115	54	98	76	88

第1章 QC七つ道具の上手な組合せ活用

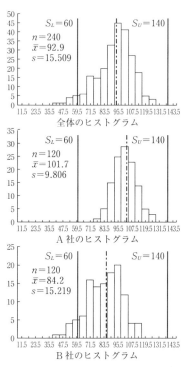

図1.15 メーカー別の素材硬度に対するヒストグラム

素材硬度は，平均において15.0ほどの違いがあること，A社製の素材硬度はB社製の素材硬度よりもばらつき(標準偏差)が小さく，A社製素材硬度に規格不良はないけれども，B社製の素材硬度は下限規格を超える不良のあることがわかります．

以上，QC七つ道具を活用したデータ分析によって，キズ不良の慢性問題は，B社製の素材強度分布が規格中心に対してかたよりがあること，精度が悪いことに起因していることを明らかにできています．したがって，B社の製造条件をA社の製造条件と同じものにすれば問題は解決できてしまうことになります．

1.5　慢性設備故障の改善

　某社は，自動車のトランスミッションに用いられる重要機能部品を冷間鍛造によって製造しています．しかし，この製造工程における不良率は 3000 ppm と高い値で安定しており，日々の製造時間内で予定数量を完了できないため，残業が日常化している状況になっていました．

　そんな状況の中で，顧客の生産増が計画されているという情報があり，このままでは顧客に数量不足という最悪の迷惑をお掛けする可能性さえ発生してきました．そのため，製造工場長から，「不良率の大幅な低減による生産数量確保」という緊急方針が発令されました．以下では，その方針を受けた重要問題解決における QC 手法の活用について紹介したいと思います．

1.5.1　現状把握

(1)　生産管理板における工程内不良率

　慢性不良撲滅という難しい問題ではありますが，何よりも先に現状を正しく把握することからはじめなければなりません．そのため，2014年 9 月～10 月の製造記録を調べることにしました（表 1.9 と図 1.16）．

　この図 1.16 をみると，不良率 6000 ppm という生産日のある反面，0 ppm に近い生産日もあり，平均は 3000 ppm としても，生産日によるばらつきが大きいことがわかります．

(2)　管理図の活用

　折れ線グラフでは，生産日による不良率のばらつきが大きいことはわかりますが，工程が安定状態にあるかどうかを知ることができないため，変動する日々の生産数量の平均 3500 個を生産数量とした $p-$ 管理図を作成してみることにしました（図 1.17）．

　図 1.17 の $p-$ 管理図をみると，すべての点は上部管理限界（UCL）と下部管理限界（LCL）内にあって，特に注目すべき点の並び方に関するクセもないため，工程は統計的安定状態にあるといえます．すなわち，

表 1.9 製造記録データ

No.	生産数量	不良品数	不良率(ppm)	No.	生産数量	不良品数	不良率(ppm)
1	3537	8	2262	21	3430	7	2041
2	3533	7	1981	22	3497	8	2288
3	3500	6	1714	23	3513	9	2562
4	3515	12	3414	24	3514	13	3699
5	3536	15	4242	25	3469	20	5765
6	3524	11	3121	26	3446	9	2612
7	3544	8	2257	27	3509	13	3705
8	3522	7	1988	28	3517	8	2275
9	3496	12	3432	29	3461	11	3178
10	3507	3	855	30	3480	11	3161
11	3433	13	3787	31	3452	5	1448
12	3468	7	2018	32	3501	9	2571
13	3514	12	3415	33	3502	7	1999
14	3520	17	4830	34	3511	19	5412
15	3483	10	2871	35	3518	11	3127
16	3531	1	283	36	3491	12	3437
17	3538	11	3109	37	3554	12	3376
18	3512	11	3132	38	3488	18	5161
19	3503	12	3426	39	3513	13	3701
20	3513	12	3416	40	3531	10	2832

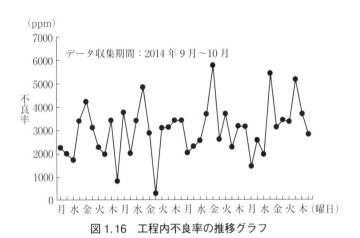

図 1.16　工程内不良率の推移グラフ

工程は慢性的に不良品を排出しているということになります．

(3) 生産管理板における設備総合効率

　図 1.17 の管理図から，この冷間鍛造工程では慢性不良の発生していることがわかっても，その原因を特定することはできません．そこで，

1.5 慢性設備故障の改善

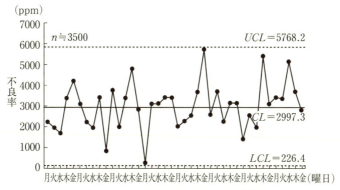

図 1.17　工程内不良率の p - 管理図

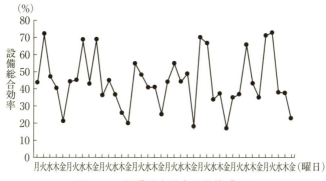

図 1.18　設備総合効率の推移グラフ

生産管理板にある設備総合効率(Over Equipment Equity：OEE)の推移グラフをみることにしました(図1.18).

この設備総合効率の推移図をみると，週末に設備総合効率が低下している傾向があります．また，その値は20%～70%の間で大きくばらついていることもわかります．

1.5.2　要因の解析
(1)　散布図の活用

図1.16における不良率の推移グラフと図1.18における設備総合効率の推移グラフをみると，不良率と設備総合効率の間に相関関係があるように思われます．このような場合，総合設備効率を原因系，不良率を結

第1章 QC七つ道具の上手な組合せ活用

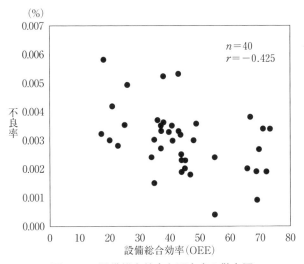

図1.19 設備総合効率と不良率の散布図

果系とする散布図を作成することが有効であると知られています(図1.19).

図1.19の散布図をみると，設備総合効率と不良率の間には，相関係数$r=-0.425$が示すように，負の相関関係のあることがわかります．すなわち，設備総合効率が低いほど不良率は高くなっていることがわかります．

(2) ワイブル解析

この冷間鍛造工程で使用される設備には，さまざまな故障モードに起因する設備停止の発生をゼロにすることができないため，定期点検に加えて，日々の設備状況を監視することによる状態監視保全(CBM)の考え方を導入しています．そのため，設備総合効率と関係のある設備故障停止時間(t)に対して，メジアン法による累積確率$F(t)$を，

$$F(t) = \frac{i}{n+1} \quad (i=1, 2, \cdots, n)$$

として計算し，

1.5 慢性設備故障の改善

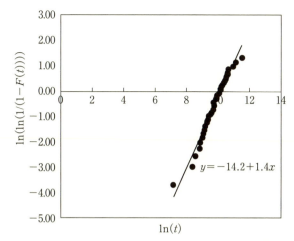

図1.20 $(\ln(t), \ln(\ln(1/(1-F(t)))))$ の散布図

$$Y = \ln\left(\ln\frac{1}{1-F(t)}\right) \quad X = \ln(t)$$

による実現値 (x, y) に基づいて，ワイブル確率紙に相当する散布図を作成してみました(図1.20)．

この散布図(ワイブル確率紙)から，y の x に対する回帰式を推定すると，

$$y = -14.2 + 1.4x$$

となっています．これは，形状パラメータが $\hat{m}=1.4$ と推定されることを示しています．

設備故障には，初期故障期(Decreasing Failure Rate：DFR)，偶発故障期(Constant Failure Rate：CFR)，摩耗故障期(Increasing Failure Rate：IFR)の区分があり，ワイブル解析との関係でいえば，それぞれは，$m<1, m=1, m>1$ に対応しています．

したがって，図1.20のワイブル解析の結果は，当該設備が摩耗故障期にあることを意味しています．しかし，この設備は導入してから日が浅いため，何か別の要因があるに違いないと考え，設備保守に関する報告書を詳しく分析したところ，設備を固定しているボルトの締結力不足が原因であるということがわかり，これを設計状態に維持管理すること

で慢性問題を解決することができました．

　以上，第1章では，製造部門を中心として，比較的データ数の大きい製造記録を使って，問題の発生原因を特定するためにQC七つ道具が有効であることを紹介してきました．製造工程という母集団の変化要因を明らかにするためには，層別の考え方が有効であること，その考え方に基づいたヒストグラム，散布図，管理図などが重要な役割を果たすことが理解できたのではないでしょうか．

第2章

統計的方法の活用による日常管理データの解析

私たちは，プロセス管理や製品検査に代表される品質保証に係る場面，あるいはプロセス改善などの場面において，さまざまな目的で品質保証特性や管理特性に関するデータを採取しています．それらのデータをとる目的が明確になっている場合には適切な解析を行っていると思われますが，膨大なデータの中で大切なデータを見逃したり，どうでもいいデータに振り回されたりしていることもあります．特に，この頃のようにデータを専用統計ソフトに入力すると，何らかの答が出てくるため，まったく見当違いの解析結果に遭遇し，右往左往していることがないとも限りません．

　この第2章では，日常業務において採取している種々のデータを適切に統計解析することで，「そんな！」という驚きに遭遇する事例を中心として，統計的手法の上手な組合せ活用法について考えてみたいと思います．

　QC検定2級クラスの読者には当たり前の話なのかもしれませんが，まず統計的方法の基本である分散の加法性と検定・推定という2つの基本的な話をしておきます．

2.1　熱帯魚の騒動

　某氏は，熱帯魚の観賞を趣味としています．ある日の朝刊と一緒に，近隣のペットショップが熱帯魚のバーゲンセールを予定しているという広告に目がとまりました．その週末の土曜日，家族と一緒にペットショップに出かけると，ある熱帯魚が60%オフで販売されています．早速，その熱帯魚を一匹購入し，自宅の水槽に放ちました．

2.1.1　一匹の体長で学ぶ確率

　その夜のこと．長男の「この熱帯魚は少し小さいようだけど，偽物ではないの！」との一言に反応して，体長を測定してみると，20.0(mm)であることがわかりました．長男の動物図鑑によると生後数週間の熱帯魚の体長は，平均は24(mm)，標準偏差は2.0(mm)程度と記されてい

第2章 統計的方法の活用による日常管理データの解析

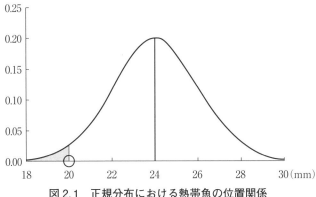

図2.1 正規分布における熱帯魚の位置関係

ます．この熱帯魚は偽物なのでしょうか(図2.1)．

熱帯魚の体長 (X) が正規分布に従うとするとき，図2.1における $x=20.0$(mm) よりも体長が小さくなる確率を Excel の組込み関数 NORMDIST を用いて計算すると，

$$\mathrm{Pr}\,(X \leqq 20.0) = \mathrm{NORMDIST}(20.0, 24.0, 2.0, \mathrm{TRUE})$$
$$= 0.02275$$

であることから，この事象に遭遇する確率は約 2.3% であることになります．

ペットショップで当該の熱帯魚を一匹購入したとき，この確率に遭遇することは稀であることになります．それは，この熱帯魚が偽物であったと疑うに十分なできごとではないでしょうか．

2.1.2 複数匹の平均体長で真偽の判断

しかし，一匹の熱帯魚の体長が小さかったからといって，「ペットショップが偽物を販売している」と結論するのは問題かもしれません．そこで，翌日の日曜日，同じペットショップで当該の熱帯魚を 20 匹購入してきて，その体長を測定したところ，平均値 $\bar{x}$ が 23.0(mm)，標準偏差 s が 2.052(mm) でした．今度は，どのように判断できるでしょうか．

実は，正規分布 $N(\mu, \sigma^2)$ からランダムサンプリングされた n 個のサンプル測定値の平均は，正規分布 $N(\mu, \sigma^2/n)$ に従うことが知られてい

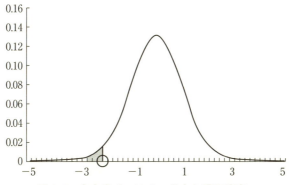

図 2.2　自由度 $\phi=19$ の t 分布と遭遇確率

て，仮説 $\mu=\mu_0(=24.0)$ が正しいとき，統計量

$$t_0 = \frac{\bar{X}-\mu_0}{\sqrt{\dfrac{V}{n}}}$$

は，自由度 $\phi=n-1=19$ の t 分布に従うことが知られています（図 2.2）．ただし，V は標準偏差 s を 2 乗したもので，不偏分散と呼ばれるものです．

この場合，t_0 の値は -2.124 なので，Excel の組込み関数 TDIST を用いて，確率を計算すると

$$\Pr(t \leq -2.124) = \mathrm{TDIST}(-2.124, 19, 1) = 0.02351$$

となり，この場合の確率も一般には遭遇することのない小さな確率であることがわかります．

この事実に遭遇した某氏は，同ペットショップのバーゲンセールにおける熱帯魚は異種であると判断するに至りました．クレームを起こしたかどうかは別にして，二度と同じ過ちを繰り返すことはないでしょう．

2.2　公差設計の基本

某社のある技術者は，ある品質管理に関する教育機関の「品質管理基礎コース」に受講生として派遣されました．その第 1 カ月目の講義で確

率変数の分散の加法性について学習したとき，日頃の設計における自身の誤りに衝撃を受けることとなりました．

一般に，2つの確率変数 X, Y が互いに独立である(少し難しいのですが，無関係であると思っていただければ結構です)とき，その和と差の分散は，a, b を定数として，

$$V(aX \pm bY) = a^2V(X) + b^2V(Y)$$

であるという事実を学びました．そうすると，次のような場合の日頃の設計のあり方に疑問が湧いてきたのです．

2.2.1 和の分散

2つの部品PとQを別々のメーカーから購入し，それを接合して製品Aを製造しています．このとき，部品Pの寸法(X)の分散を $V(X)=4^2$，部品Qの寸法(Y)の分散を $V(Y)=3^2$ としたとき，接合して製造される製品Aの分散 $V(X+Y)$ はいくらになるでしょうか(図2.3)．

上記の一般論によれば，その分散は $V(X+Y)=V(X)+V(Y)=4^2+3^2=5^2$ であることになります．同氏は，自身が設計公差を計算するとき，「部品Pの公差を $3\times\sigma_P=12$，部品Qの公差を $3\times\sigma_Q=9$ としたとき，製品Aの公差を $12+9=21$ と設計していたのではないか」という疑問に遭遇したのです．もちろん，正しい公差は $3\times 5=15$ なのですから，同氏の設計公差は誤りであったことになります．

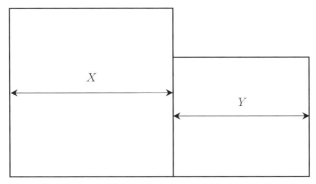

図2.3 2つの部品の接合による寸法の和の分散

2.2.2 差の分散

部品 R をあるメーカーから購入して,切削ドリルで穴加工をしている工程があります.部品 R の寸法 (X) の分散は $V(X)=12^2$, 穴の長さ (Y) の分散は $V(Y)=5^2$ であると設計書に記されています.このとき,部品底部から穴までの寸法 (W) の公差をどのように規定すべきであったでしょうか (図 2.4).

同氏のこれまでの設計では,「部品 P の公差が $3\times12=36$, 穴の公差が $3\times5=15$ なので,寸法 (W) の公差を $36-15=21$ としてはいなかったか」という疑問です.

ここまで読んでいただいた読者には,正しい設計ができるのではないと思います.もちろん,正しい設計では,寸法 (W) の分散は $V(W)=V(X-Y)=V(X)+V(Y)=12^2+5^2=13^2$ であるため,その公差は $3\times13=39$ とすべきあったことになります.

これら 2.2.1 項と 2.2.2 項の内容は,技術者にとって基本となる考え方なのですが,大学における確率統計学の講義は数学の延長線で語られることが多く,実務と離れた事例を中心としていることが多いため,「そうだったのか!」という驚きをもって迎えられることも否定できません.

次の事例は,この世界の延長線上にある話なのですが,これをしっか

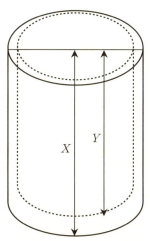

図 2.4 穴の底部からの寸法 (差) の分散

り理解している技術者は意外と少ないのではないかと思います．

2.3 信頼区間の重要性

　この技術者は，同セミナーの第2カ月目に教育される「検定と推定」に関する講義を受けて，再度，日頃の設計行為に疑問をもつこととなりました．

　同氏の経験では，これまでの製品特性 (X) の分布が正規分布 $N(100.0, 5.0^2)$ であったとき，上司から「平均を110.0以上にしてほしい」と依頼されると，設計変更後の製品特性 (X) の試作品の平均を計算して，$n=10$ 個の平均値が112.0ならば，OKとしていたのではないかということです．

　これに対して，同コースで教えられる話では，製品特性 (X) を正規分布 $N(\mu, \sigma^2)$ としたとき，そこからサンプリングされた n 個の製品特性 (X) の平均値は，正規分布 $N(\mu, \sigma^2/n)$ に従うのでした．また，母平均が μ のとき，統計量

$$t = \frac{\bar{X} - \mu}{\sqrt{\dfrac{V}{n}}}$$

は，自由度 $\phi = n-1$ の t 分布に従うとのことでした．したがって，この t に対して，

$$\Pr\left(-t(\phi, \alpha) < \frac{\bar{X} - \mu}{\sqrt{\dfrac{V}{n}}} < t(\phi, \alpha)\right) = 1 - \alpha$$

が成立するため，（　）内を整理すると，

$$\Pr\left(\bar{X} - t(\phi, \alpha)\sqrt{\dfrac{V}{n}} < \mu < \bar{X} + t(\phi, \alpha)\sqrt{\dfrac{V}{n}}\right) = 1 - \alpha$$

となっていることがわかります．すなわち，未知な母平均 μ に対する信頼率95%の信頼区間は，$n=10$ 個の不偏分散 V の値が $(6.215)^2$ であ

ったとき，信頼区間幅は

$$t(19, 0.05) \times \sqrt{\frac{V}{n}} = 2.262 \times \sqrt{\frac{(6.215)^2}{10}}$$
$$= 4.45$$

となるため，母平均の信頼区間は (107.55, 116.45) となることがわかります．さらに，将来の値に対する信頼率 95% の予測区間の幅は，

$$t(19, 0.05) \times \sqrt{\left(1 + \frac{1}{n}\right)V} = 2.262 \times \sqrt{\left(1 + \frac{1}{10}\right) \times (6.215)^2}$$
$$= 14.74$$

となるため，予測区間は (97.26, 126.74) となっていることがわかります．すなわち，この設計変更では，設計特性 (X) の従来の母平均 100.0 より小さな値に遭遇する可能性があるということになります．

筆者のお邪魔している企業の実践指導会でも，このようなケースに遭遇することは少なくないという印象を受けています．ここで紹介した 2.1～2.3 節の事例と読者が無関係であればよいのですが，現実はいかがでしょうか．

ここまでは，統計的ものの見方・考え方の基本を紹介してきました．これから先は，統計的方法が職場実践事例でどのように活用されているかを紹介していきたいと思います．

2.4 QCサークルの成長度を測る

多くの企業や職場で QC サークル活動が推進され，その重要な目的として"人材育成"を取り上げていると思います．事実，各社の QC サークル発表大会や QC サークル本部の発行している『QC サークル』誌で紹介される事例においても，トヨタグループ TQM 連絡会委員会 QC サークル分科会[13]による「QC サークルの平均的な能力」と「明るく働きがいのある職場」の 2 軸評価方式を用いたり，レーダーチャートによる成長度評価を用いたりしています．

2.4.1 レーダーチャートと散布図による評価

表2.1は,某社の製造職場におけるメンバー10名で構成されるQCサークルに対して,8項目を5段階で評価したときの成長度スコアを示します.全体としての評価であれば,図2.5のようなレーダーチャートによる評価で十分なのですが,個々人の成長度を測るため個々人のレーダーチャートを用いるとなると大変です.

図2.5を見ると,サークルとして,すべての評価項目について成長していることを確認できます.また,各メンバーの評価項目に関する前期と今期の平均点を求めて,散布図を作成すると,全員が項目の平均に関して成長していることがわかります(図2.6).

2.4.2 主成分分析による評価

中学生の英語,国語,数学,理科に関する成績データを用いた主成分分析を行うと,第1主成分(総合特性)として,

表2.1 個々人の成長度スコア

期	No.	QC的思考	QC手法	品質意識	原価意識	安全意識	IE手法	3S手法	改善意識	平均
前期	1	2	1	2	4	4	2	2	5	2.8
	2	1	2	2	3	3	1	3	4	2.4
	3	2	3	3	2	4	3	3	2	2.8
	4	2	2	3	4	3	3	2	4	2.9
	5	4	1	2	3	3	1	1	4	2.4
	6	1	1	3	3	3	2	4	4	2.6
	7	3	2	1	3	3	2	4	4	2.8
	8	3	3	1	1	1	2	4	1	2.0
	9	2	3	1	4	2	2	4	3	2.6
	10	4	4	1	3	4	2	4	3	3.1
今期	1	3	3	4	5	5	3	3	5	3.9
	2	5	3	3	4	3	3	4	4	3.6
	3	4	3	2	3	3	2	4	2	3.0
	4	3	2	2	4	4	3	3	4	3.1
	5	3	3	2	2	3	3	3	4	2.9
	6	2	2	4	5	3	3	3	3	3.1
	7	3	4	3	5	4	2	3	5	3.4
	8	4	5	2	4	3	4	5	3	3.8
	9	3	2	2	2	4	3	5	4	3.1
	10	4	5	3	3	3	3	4	3	3.5

2.4 QCサークルの成長度を測る

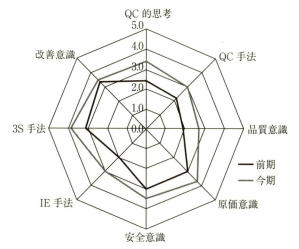

図2.5　QCサークルとしての成長度

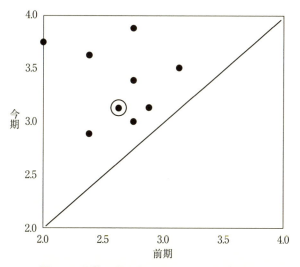

図2.6　平均で見たときのメンバーの成長度

$$z_1 = 0.5×国語＋0.5×英語＋0.5×数学＋0.5×理科$$

が得られ，第2主成分（総合特性）として

$$z_2 = 0.5×国語＋0.5×英語－0.5×数学－0.5×理科$$

が得られることがあります．この結果，第1主成分が「平均的能力」を，第2主成分が「理科系と文科系の能力差」を表していると解釈で

き，中学生の 4 教科に関する成績のばらつきは，上記 2 特性で説明できるということになります．

また，小学生の身長，体重，胸囲，座高などに関するデータを用いた主成分分析を行うと，第 1 主成として，
$$z_1 = 0.5 \times 身長 + 0.5 \times 体重 + 0.5 \times 胸囲 + 0.5 \times 座高$$
が得られ，第 2 主成分として，
$$z_2 = 0.5 \times 身長 - 0.5 \times 体重 - 0.5 \times 胸囲 + 0.5 \times 座高$$
が得られるため，小学生の身体測定値のばらつきは，第 1 主成分の表す「体格」と，第 2 主成分の表す「体型」によって説明できることも知られています．

そこで，表 2.1 のデータを用いて，主成分分析を行ってみることにしました．20 人の評価点から得られる相関行列は表 2.2 のようになり，その相関行列から計算した固有ベクトルは表 2.3 のようになります．

この第 1 主成分の寄与率は 36.6% であって，第 2 主成分の寄与率は 27.2% となっています．したがって，これら 2 つの主成分でサンプルのばらつきを 63.8% まで説明していることになります．

固有ベクトルの値と符号から主成分の意味を解釈すれば，第 1 主成分が「改善意識―改善手法」を表し，第 2 主成分が「平均的な能力」を表していると解釈できます（先の教科の事例や身体測定の事例では，この第 1 主成分と第 2 主成分の順序が反転していますが，このような場合もあります）．

表 2.2 相関行列

	QC 的思考	QC 手法	品質意識	原価意識	安全意識	IE 手法	3S	改善意識
QC 的思考	1.000							
QC 手法	0.525	1.000						
品質意識	−0.128	−0.080	1.000					
原価意識	−0.014	−0.093	0.518	1.000				
安全意識	0.029	−0.108	0.436	0.412	1.000			
IE 手法	0.323	0.545	0.375	0.159	0.203	1.000		
3 S	0.246	0.553	−0.285	−0.266	−0.155	0.484	1.000	
改善意識	−0.145	−0.456	0.342	0.591	0.574	−0.231	−0.376	1.000

2.4 QCサークルの成長度を測る

表2.3　固有ベクトル

変数名	主成分1	主成分2
QC的思考	−0.250	0.310
QC手法	−0.404	0.366
品質意識	0.314	0.388
原価意識	0.364	0.349
安全意識	0.324	0.363
IE手法	−0.192	0.556
3S	−0.413	0.211
改善意識	0.482	0.109

そこで，各メンバーの前期と今期における評価点から，(得点−平均)÷標準偏差によって，標準化した評価点を計算し，第1主成分の得点を

$$Z_1 = -0.250 \times QC的思考 - 4.04 \times QC手法 + 0.314 \times 品質意識 + \cdots + 0.482 \times 改善意識$$

第2主成分得点を

$$Z_2 = 0.310 \times QC的思考 + 0.366 \times QC手法 + 0.388 \times 品質意識 + \cdots + 0.109 \times 改善意識$$

によって計算した後，全メンバーの主成分得点を使って散布図を作成すると，図2.7が得られます．

この図2.7を見ると，

1) すべてのメンバーが平均的な能力に関して成長している．特に，No.1, 2, 5, 8のメンバーは大幅に能力を向上している．
2) No.5のメンバーはQC手法やITあるいは3S手法などの手法が強化され，No.7のメンバーは，品質意識や原価意識などの改善意識が強化されている

ことなどがわかります．

各メンバーに対するレーダーチャートを使ってメンバーの成長度を評価することはできるのですが，図2.7のような評価指標を工夫することで，メンバーの平均的な能力と改善のための意識レベルがどのように成長しているかを視覚的に把握できる点は魅力的ではないでしょうか．

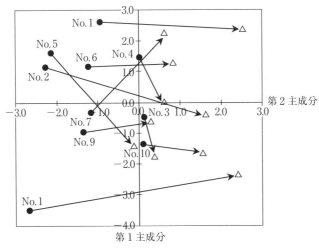

図2.7 主成分得点の散布図

2.5 製造工程における良品条件の追究

某社では,飲料ボトル用のプラスチック樹脂材料を,2台の転動ボールミル機 A_1 と A_2 によって微粉末化加工しています.この製品の重要保証特性は,微粉末の粒度分布であり,ある値を超える粒度粉の含有率が4.5%を超えると,後工程で問題を引き起こすことになります.そのため,同社では,この4.5%を含有率の上限規格値 S_U として,それぞれの機械によってバッチ生産されるものの中から4バッチ分の含有率を測定し,ヒストグラムによる工程能力指数と $\bar{X}-R$ 管理図によって管理しています.

2.5.1 現状把握
(1) ヒストグラムの活用

原料の加工工程における現状を把握するため,過去2週間分の含有率を調査して,表2.4に整理してみました.

表2.4における含有率データに基づいてヒストグラムを作成すると,図2.8のようになります.

図2.8のヒストグラムをみると,含有率は正規分布に従っているよう

2.5 製造工程における良品条件の追究

表2.4 含有率のデータ

No.	X_1	X_2	X_3	X_4	平均	範囲	機械
1	3.7	3.2	4.3	3.5	3.68	1.1	A_1
	3.2	3.5	4.5	4.0	3.80	1.3	A_2
2	2.5	3.0	3.2	3.1	2.95	0.7	A_1
	3.5	3.4	3.4	3.6	3.48	0.2	A_2
3	2.7	2.8	3.0	3.2	2.93	0.5	A_1
	3.6	4.2	3.4	3.0	3.55	1.2	A_2
4	3.3	4.2	4.2	2.9	3.65	1.3	A_1
	2.9	2.7	3.5	4.1	3.30	1.4	A_2
5	3.0	2.8	4.1	2.9	3.20	1.3	A_1
	3.8	4.2	4.5	3.7	4.05	0.8	A_2
6	3.2	3.7	3.5	4.2	3.65	1.0	A_1
	3.5	3.1	4.5	4.3	3.85	1.4	A_2
7	2.8	2.9	4.0	3.5	3.30	1.2	A_1
	4.2	4.1	3.7	3.8	3.95	0.5	A_2
8	3.2	3.3	3.2	3.4	3.28	0.2	A_1
	3.5	3.9	4.5	4.7	4.15	1.2	A_2
9	3.3	2.7	2.5	3.2	2.93	0.8	A_1
	3.3	3.9	4.3	4.4	3.98	1.1	A_2
10	2.9	4.1	4.3	2.5	3.45	1.8	A_1
	3.2	2.8	3.8	4.3	3.53	1.5	A_2
11	2.3	3.5	2.5	3.5	2.95	1.2	A_1
	3.3	3.5	4.1	4.5	3.85	1.2	A_2
12	3.5	2.8	2.7	3.7	3.18	1.0	A_1
	3.2	4.2	4.1	3.5	3.75	1.0	A_2

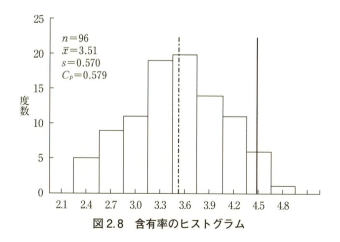

図2.8 含有率のヒストグラム

にみえます．しかし，含有率の標準偏差 0.570 から考えると平均含有率 3.51％ は規格上限側に寄っているため，上限規格値を超える不良バッチが発生しています．さらに，その工程能力指数を計算すると 0.579 となり，工程能力が非常に不足していることになります．

(2) 管理図の活用

ヒストグラムによって，上限規格を超える不良バッチの発生していることがわかりましたが，工程の安定状態を確認するためには，管理図を作成してみる必要があります．表 2.4 のデータに基づいて $\bar{X}-R$ 管理図を作成すると，図 2.9 のようになります．

図 2.9 の管理図をみると，管理限界を超える点は発生していないのですが，連続 3 点中 2 点が管理限界に接近していることがわかります．すなわち，この原料加工工程は統計的に安定した状態でないことがわかります．

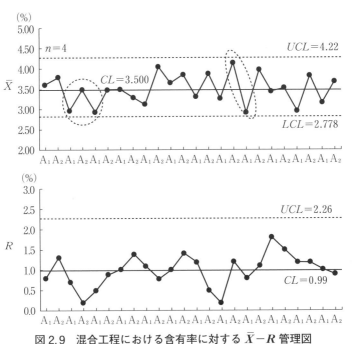

図 2.9　混合工程における含有率に対する $\bar{X}-R$ 管理図

2.5 製造工程における良品条件の追究

(3) 層別管理図の活用

しかし，それらは2台の機械を用いているために発生する異常であるため，機械別に層別した $\bar{X}-R$ 管理図を作成したくなります．実際に，機械 A_1 と機械 A_2 の層別した $\bar{X}-R$ 管理図を作成しました（図 2.10）．

図 2.10 をみると，機械 A_1 と機械 A_2 の管理図は，いずれも統計的安定状態にあることがわかります．しかし，機械 A_1 と機械 A_2 における含有率の平均値に違いがあるようにも見えます．

(4) 母平均の差に関する検定と推定

そこで，機械 A_1 における含有率の母平均 μ_1 と機械 A_2 における含有率の母平均 μ_2 に対する仮説

$$\begin{cases} H_0 : \mu_1 = \mu_2 \\ H_1 : \mu_1 \neq \mu_2 \end{cases}$$

を有意水準 $\alpha=5\%$ で検定を行うことにしました．

それぞれの平均値は，

$$\bar{x}_1 = 3.24, \quad \bar{x}_2 = 3.75$$

であって，偏差積和平方和は

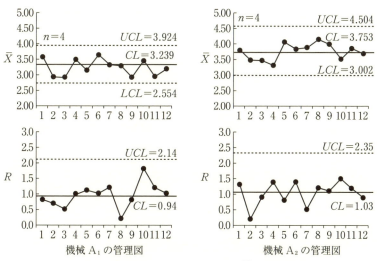

図 2.10　機械別の含有率に対する $\bar{X}-R$ 管理図

$S_1 = 11.713$, $S_2 = 11.860$

であることから,誤差分散 σ^2 をプーリングした不偏分散

$$V = \frac{S_1 + S_2}{n_1 + n_2 - 2} = \frac{11.713 + 11.860}{48 + 48 - 2} = 0.251$$

によって推定すると,検定統計量は

$$t_0 = \frac{\bar{x}_1 - \bar{x}_2}{\sqrt{V\left(\frac{1}{n_1} + \frac{1}{n_2}\right)}} = \frac{3.24 - 3.75}{\sqrt{0.251 \times \left(\frac{1}{48} + \frac{1}{48}\right)}} = -4.987$$

となります.この場合の棄却域は

$$R : |t_0| \geq t(n_1 + n_2 - 2, \alpha) = t(94, 0.05) = 1.986$$

であるため,検定結果は有意水準 5% で有意となっています.すなわち,2台の機械 A_1 と A_2 によるバッチ当たりの含有率の母平均は異なるということがわかります.

さらに,それぞれの機械における母平均に対する信頼率 95% の信頼区間,将来の値に対する信頼率 95% の予測区間を求めると,機械 A_1 の信頼区間は,

$$3.24 \pm t(96 - 2, 0.05)\sqrt{\frac{0.251}{48}} = 3.24 \pm 1.986 \times \sqrt{\frac{0.251}{48}}$$
$$= 3.24 \pm 0.14 \to (3.10, 3.38)$$

であって,予測区間は,

$$3.24 \pm t(96 - 2, 0.05)\sqrt{0.251 \times \left(1 + \frac{1}{48}\right)}$$
$$= 3.24 \pm 1.986 \times \sqrt{0.251 \times \left(1 + \frac{1}{48}\right)}$$
$$= 3.26 \pm 1.01 \to (2.25, 3.27)$$

であることがわかり,同様な計算を行うと,機械 A_2 の信頼区間は $(3.61, 3.89)$,予測区間は $(2.74, 4.76)$ となることがわかります.したがって,機械 A_2 による加工工程では,上限規格値 $S_U = 4.5\%$ を超えるバッチの発生する危険性があることがわかります[1].

2.5.2 良品条件の追究
(1) 実験データの収集
　この混合工程では，バッチからサンプリングされた樹脂粉末の粒度が一定範囲を超えた場合には，これを再粉砕したものを一定の割合で主原料に混合しています(図2.11).

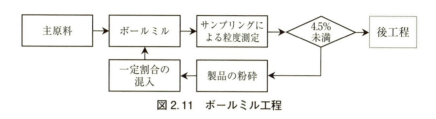

図2.11　ボールミル工程

　そのため，「再粉砕された製品の投入割合によって，限界値を超える微粉末の含有率が変化しているのではないか」という仮説が考えられます．しかし，この仮説を生産工程記録によって検証するのは難しいため，混合率Pと主原料の投入量Qを

　混合率：$P_1(0.2\%)$，$P_2(0.3\%)$，$P_3(0.4\%)$，$P_4(0.4\%)$
　投入量：$Q_1(400\,kg)$，$Q_2(450\,kg)$，$Q_3(500\,Kg)$

とした，繰り返し数$r=2$の二元配置実験を行い，限界値を超える微粉末の含有率を調査したところ，表2.5を得ることができました．

(2) 分散分析表の作成
　表2.5のデータからヨコ軸に因子Pを配置した含有率のデータをグラフにすると，図2.12のグラフが得られます．

　この図2.12のグラフをみると，混合率Pと主原料の投入量Qの含有率に対する主効果が大きいこと，混合率Pと投入量Qの含有率に対する交互作用も影響していそうなことがうかがえます．また，各水準組み合わせにおけるデータのばらつきを繰り返しの範囲Rで評価すると，

---

1) 母平均の差に対する信頼率95%の信頼区間と，信頼率95%の予測値に対する信頼区間(「予測区間」ともいう)を求めると，信頼区間は$(-0.71, -0.29)$であって，予測区間は$(-1.53, 0.51)$であることがわかります．

第2章 統計的方法の活用による日常管理データの解析

表2.5 限界値を超える微粉末の含有率(%)

	P_1	P_2	P_3	P_4
Q_1	4.0 4.1	4.0 4.2	3.5 3.7	2.9 3.0
Q_2	3.0 2.9	2.8 2.9	2.7 2.5	2.7 2.6
Q_3	3.5 3.6	3.4 3.5	3.1 3.2	2.8 3.0

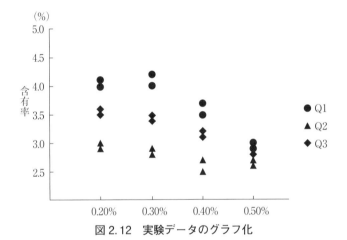

図2.12 実験データのグラフ化

表2.6 範囲 R

	P_1	P_2	P_3	P_4
Q_1	0.1	0.2	0.2	0.1
Q_2	0.1	0.1	0.2	0.1
Q_3	0.1	0.1	0.1	0.2

表2.6のようになります．

これらの値は管理図に登場する $n=2$ のときの $D_4=3.267$ から計算した上部管理限界 0.435 と比較すると有意ではないため，セル内のばらつきは同程度であるといえます．

このデータに対する分散分析表を求めると，表2.7のようになります．したがって，混合率 P と主原料の投入量 Q および交互作用 $P \times Q$

2.5 製造工程における良品条件の追究

表2.7 分散分析表

要因	S	ϕ	V	F_0	P 値	$F(0.05)$	寄与率
P	3.341	2	1.670	167.042	0.000	3.885	56.7%
Q	1.850	3	0.617	61.667	0.000	3.490	31.1%
$P \times Q$	0.542	6	0.090	9.042	0.001	2.996	8.2%
e	0.120	12	0.010				3.9%
T	5.853	23					

は高度に有意であることがわかります．

(3) 最適条件における含有率の推定

含有率がもっとも小さくなる最適条件は，表2.5の各セルにおける平均値を求めると，P_3Q_2 であることがわかります．また，最適条件における含有率の母平均に対する点推定値，信頼率95%の信頼区間および信頼率95%の予測区間は

① 点推定 $\hat{\mu}(P_3Q_2) = \bar{x}_{32\cdot} = 2.60$

② 信頼区間は

$$\hat{\mu}(P_3Q_2) \pm t(\phi_E, \alpha)\sqrt{\frac{V_E}{r}} = 2.60 \pm t(12, 0.05) \times \sqrt{\frac{0.010}{2}}$$
$$= 2.60 \pm 0.15 \to (2.45, 2.75)$$

③ 予測区間は

$$\hat{\mu}(P_3Q_2) \pm t(\varphi_E, \alpha)\sqrt{\left(1+\frac{1}{r}\right)V_E}$$
$$= 2.60 \pm t(12, 0.05) \times \sqrt{\left(1+\frac{1}{2}\right) \times 0.10}$$
$$= 2.60 \pm 0.27 \to (2.33, 2.87)$$

となることがわかります．

以上の二元配置分散分析によるデータ解析から，最適条件 P_3Q_2 においてバッチ処理を行えば，限界値を超える微粉末の含有率は，最悪の場合でも2.87%程度に抑えられることになり，再粉末の混合率を0.4%に設定すればよいこともわかります．

この事例が示すように，QCストーリーに沿った要因解析の結果，結

第2章　統計的方法の活用による日常管理データの解析

果特性に影響する要因が明らかになったとき，それらの要因を最適化するためには，何らかの実験が必要となります．その際，取り上げた要因には，単なる加法性ではなく，交互作用と呼ばれる効果が存在する場合があるため，繰り返し実験を行うことが必要になります．

2.6　回帰分析による最適製造条件の探索

某社では，主原料に2種類の助剤BとCを混合した後，それらを高温炉で加熱処理することによって製品を製造しています．その製品収率は平均が80%程度で推移していました．最近，海外から同種の安価な製品が輸入されてきたため，市場競争力確保のために収率88%の目標が設定されました．

SQC手法に明るい技術者であれば，製品収率に影響すると考えられる製造条件を実験因子とした実験計画法を適用する必要があると考えるかもしれません．実際，そのような方法で最適条件を求めることができる場合の多いことも確かです．しかし，実験計画法を適用するまでもなく，日常の生産記録を活用できる可能性もあります．

ここでは，最近の生産日報から，主原料の投入量 x_1(kg)，助剤Bの添加量 x_2(g)と助剤Cの添加量 x_3(g)および製品収率 y(%)に関するデータを収集しました(表2.8)．

2.6.1　散布図による現状分析

表2.8のデータから，主原料Aの投入量 x_1(kg)と収率 y(%)，助剤Bの添加量 x_2(g)と収率 y(%)，助剤Cの添加量 x_3(g)と収率 y(%)の散布図を作成すると，図2.13のようになっています．

図2.13の主原料Aの投入量 x_1(kg)と収率 y(%)の散布図，助剤Bの添加量 x_2(g)と収率 y(%)の散布図に若干の曲線傾向がみられます．また，図2.13の散布図から，主原料Aの投入量と収率の相関係数は $r_{1y}=0.527$，助剤Bの添加量と収率の相関係数は $r_{2y}=0.288$，助剤Cの添加量と収率の相関係数は $r_{3y}=0.022$ であることがわかります．しか

2.6 回帰分析による最適製造条件の探索

表 2.8 主原料, 助剤 B, 助剤 C および収率データ

No.	主原料 x_1	助剤 B x_2	助剤 C x_3	収率 y	No.	主原料 x_1	助剤 B x_2	助剤 C x_3	収率 y
1	221.5	11.0	6.6	87.4	16	209.4	11.3	22.0	88.5
2	231.7	8.9	14.8	92.4	17	191.3	12.1	11.9	89.0
3	219.0	10.2	16.3	89.2	18	205.4	9.7	9.8	88.0
4	210.0	8.5	12.5	91.2	19	202.1	9.6	12.7	88.1
5	188.5	10.6	8.0	86.9	20	203.7	14.3	20.5	88.0
6	188.1	9.1	8.0	86.0	21	217.6	12.8	21.6	85.5
7	183.0	8.9	11.2	85.4	22	204.0	6.9	15.5	88.0
8	201.4	12.3	17.7	88.9	23	200.8	6.9	18.6	87.7
9	179.5	16.5	23.8	90.0	24	187.2	12.0	14.4	86.4
10	186.2	6.6	14.3	82.9	25	199.2	11.0	15.4	87.9
11	180.2	6.4	16.9	81.2	26	214.7	8.8	13.9	86.6
12	183.5	10.4	11.8	87.1	27	210.2	8.7	15.9	87.2
13	207.2	14.2	18.2	86.8	28	212.3	12.6	8.0	90.0
14	196.6	8.3	12.6	86.7	29	193.9	14.6	15.3	85.7
15	193.2	8.2	14.7	86.4	30	203.8	7.4	13.6	87.6

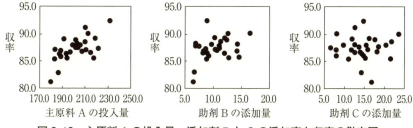

図 2.13 主原料 A の投入量, 添加剤 B と C の添加率と収率の散布図

し, 収率を高めるため主原料 A の投入量と助剤 B および助剤 C の添加量を最適化してきた歴史を考えると, これらの比較的小さな相関係数は受け入れ難いものです.

2.6.2 回帰分析による要因解析

図 2.13 の散布図における小さな相関係数から, 大きな期待を寄せることはできないかもしれませんが, 3 つの説明変数 x_1, x_2, x_3 による収率の回帰式を求めると,

$$\hat{y} = 67.717 + 0.088 x_1 + 0.269 x_2 - 0.049 x_3$$

が得られ, この回帰式による自由度調整済み寄与率は $R^{*2} = 0.296$ と小

表2.9 分散分析表

要因	S	ϕ	V	F_0	p 値	$F(0.05)$
回帰	51.597	3	17.199	5.06	0.007	2.98
残差	88.393	26	3.400			
合計	139.990	29				

さな値になっています．また，この回帰に関する分散分析表を求めると，表2.9のようになっています．

寄与率は小さい値であったのですが，残差の自由度 ϕ_e が大きな値であったために，分散分析における検出力が高く，回帰による平方和 S_R が有意水準5%で有意になっています．

2.6.3 回帰における残差分析による疑問の解消

図2.13の散布図に対する考察で述べたように，主原料Aの投入量と収率の散布図，助剤Bの添加量と収率の散布図において若干の曲線傾向がみられることから，回帰分析における残差分析を行ってみることにします（図2.14）．

図2.14の散布図をみると，標準化残差が±2.5を超える点（「外れ値」といいます）はないのですが，収率の予測値と標準化残差，および助剤Bの添加量と標準化残差の散布図に若干の曲線傾向が認められます．

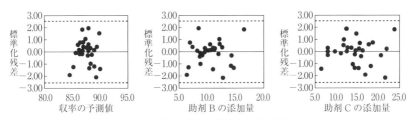

図2.14 各説明変数と標準化残差の散布図

2.6.4 新しい回帰モデルの当てはめ

これらのことは，回帰式において，主原料Aの投入量 $x_1(\mathrm{kg})$ と助剤Bの添加量 $x_2(\mathrm{g})$ および助剤Cの添加量 $x_3(\mathrm{g})$ に関する高次の関係が残っている可能性を示唆しています．そこで，新しい回帰式として

2.6 回帰分析による最適製造条件の探索

$$y = \beta_0 + \beta_1 x_1 + \beta_2 x_2 + \beta_3 x_3 + \beta_4 (x_1 - \bar{x}_1)^2 + \beta_5 (x_2 - \bar{x}_2)^2 \\ + \beta_6 (x_1 - \bar{x}_1)(x_2 - \bar{x}_2) + e$$

を考え，その適合性を解析してみることにしました．

その結果，$F_{\text{in}} = F_{\text{out}} = 2.0$ とした変数増減法による変数選択を行い，技術的観点から変数 x_2 と x_3 を追加すると，収率 $y(\%)$ は

$$\hat{y} = 70.308 + 0.087\, x_1 + 0.066\, x_2 - 0.078\, x_3 \\ - 0.039(x_1 - 200.8)(x_2 - 10.3)$$

と推定されます．また，この回帰式の自由度調整済み寄与率は $R^{*2} = 0.640$ であって，分散分析表は，表 2.10 のようになっています．

この結果を使って，収率の予測値と助剤 B の添加量に対する標準化残差の散布図を作成すると，図 2.15 のようになります．

図 2.15 の散布図では，図 2.14 の散布図で見られた曲線傾向の消滅していることがわかり，標準化残差が ±2.5 を超える点も存在していないことがわかります．また，上記の推定された回帰式で得られる収率の予測値 $\hat{y}$ と観測値 y の散布図を作成すると，図 2.16 のようになっている

表 2.10 分散分析表

要因	S	ϕ	V	F_0	p 値	$F(0.05)$
回帰	96.012	4	24.003	13.90	0.000	2.76
残差	43.162	25	1.726			
合計	139.174	29				

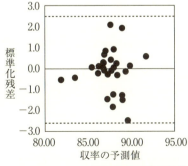
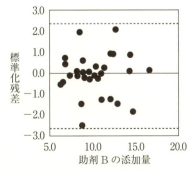

図 2.15 収率の予測値と標準化残差および助剤 B の添加量と標準化残差の散布図

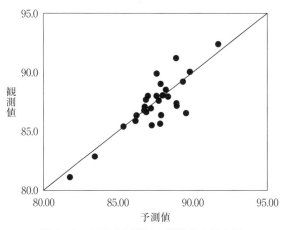

図2.16　収率の予測値と観測値の散布図

ことから，上記の予測式によって，収率を制御できる可能性が示唆されます．

2.6.5　最適条件の設定

従来は，主原料の投入量 $x_1(\mathrm{kg})$，助剤 B の添加量 $x_2(\mathrm{g})$，助剤 C の添加量 $x_3(\mathrm{g})$ による

$$\hat{y} = 67.717 + 0.088\,x_1 + 0.269\,x_2 - 0.049\,x_3$$

によって制御していたと思われるのですが，今回の回帰分析による解析の結果は，

$$\hat{y} = 70.308 + 0.087\,x_1 + 0.066\,x_2 - 0.078\,x_3 \\ -0.039(x_1-200.8)(x_2-10.3)$$

を考えたうえで制御する必要のあることがわかりました．また，収率 88% を実現するためには，主原料 A の投入量を $x_1=230.0(\mathrm{kg})$，助剤 B の添加量を $x_2=13.0(\mathrm{g})$，助剤 C の添加量を $x_3=10.0(\mathrm{g})$ に設定するとよいというアイデアが抽出されます．

実際には，この後，これらの条件を適当な水準に設定した三元配置実験を行うことで最適条件を設定することができました．このように，実験計画法を安易に適用することなく，工程の生産記録を用いることで，主原料 A の投入量と添加剤 B の添加率の間に交互作用のあることが発

見でき,最適条件を求めることもできました.

「なんだ！　結局,三元配置実験をしているではないか」と思われるかもしれません.確かに最適条件を設定するためには実験データを必要とするのですが,実験の際に重要な水準の上手な設定を行うことができていることに注意してください.

2.7　MTシステムによる良品と不良品の判別

某社の製造する蓋物製品には,上蓋と下蓋の剥離強度という重要保証特性があります.この重要保証特性を担保するため,毎日の初物と終物に対して,ある接着剤の塗布量と剥離強度を測定するとともに,水没試験による空気漏れの有無によって出荷前の全数検査を行っています.しかし,その検査には,相当の検査時間を求められるため,以前から自動化への要請があり,生産技術部にとって重要課題となっていました.以下,この重要課題にチャレンジしたときのQC手法の活用法について紹介します.

2.7.1　現状把握

生産工程における検査記録から,初物に関する接着剤の塗布量(x)と剥離強度(y)のデータを調べたところ,表2.11のデータを得ました.

このデータを用いて,不良品と良品の層別散布図を作成すると,図2.17のようになり,剥離強度(y)は,塗布量(x)に関して二次曲線の関係にあるようなのですが,単に塗布量の多少で良品と不良品の判別はできないことがわかります.

2.7.2　要因の解析

そこで,メンバーは要因系統図を活用して,剥離強度不足の原因を追究したところ,「塗布面の横幅と縦幅,すなわち,塗布面積の違いによって説明できるのではないか」という仮説が得られました.早速,検査工程に残置されている製品の良品と不良品に対する塗布面の横幅と縦幅

第 2 章　統計的方法の活用による日常管理データの解析

表 2.11　塗布量と剥離強度のデータ

No.	不良品		No.	良品	
	塗布量	剥離強度		塗布量	剥離強度
1	500.4	89.7	1	762.4	100.4
2	362.1	79.5	2	617.1	89.9
3	514.2	89.5	3	775.2	103.2
4	418.9	83.1	4	726.9	100.2
5	207.8	65.7	5	520.8	93.5
6	502.2	95.0	6	794.2	98.6
7	640.3	100.6	7	965.3	96.8
8	665.3	104.0	8	962.3	96.6
9	225.4	68.6	9	470.4	82.5
10	827.5	105.2	10	1158.5	85.9
11	717.4	99.5	11	1011.4	93.0
12	277.2	69.5	12	516.2	91.8
13	882.3	95.3	13	1210.3	85.0
14	430.2	88.7	14	713.2	99.4
15	560.7	93.3	15	849.7	100.9
16	556.2	92.8	16	872.2	99.0
17	705.2	100.6	17	1027.2	91.7
18	463.8	85.1	18	728.8	98.9

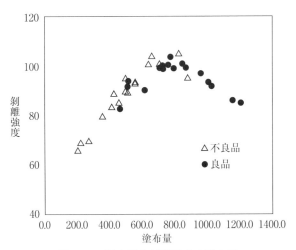

図 2.17　塗布量と剥離強度の散布図

2.7 MTシステムによる良品と不良品の判別

表 2.12 良品と不良品に対する塗布面のデータ

No.	不良品 横	不良品 縦	No.	良品 横	良品 縦
1	26.2	19.1	1	26.2	29.1
2	25.5	14.2	2	25.1	24.2
3	26.1	19.7	3	25.7	29.7
4	30.8	13.6	4	30.0	23.6
5	27.7	7.5	5	27.7	18.8
6	29.2	17.2	6	29.8	27.2
7	32.5	19.7	7	31.7	29.7
8	29.7	22.4	8	27.5	32.4
9	24.5	9.2	9	25.3	19.2
10	33.1	25.0	10	33.5	35.0
11	29.4	24.4	11	30.2	34.4
12	23.9	11.6	12	24.3	21.6
13	32.8	26.9	13	33.4	36.9
14	28.3	15.2	14	29.9	25.2
15	28.9	19.4	15	28.9	29.4
16	31.6	17.6	16	31.6	27.6
17	32.2	21.9	17	32.6	31.9
18	26.5	17.5	18	24.9	27.5

を調べたところ,表 2.12 のデータが得られました.

このデータを使って,良品と不良品で層別した散布図を作成すると,図 2.18 が得られ,良品と不良品は直線によって判別できそうです.

そこで,統計ソフトを用いた判別分析を行ったところ,判別関数として

$$L(x_1, x_2) = -6.59 + 0.73\,x_1 - 0.63\,x_2$$

が得られました(図 2.18).

2.7.3 画像データの MT システムによる判別

この結果から,塗布面の画像データを使って判別関数を計算することで,良品と不良品を的確に判別できる可能性を発見できました.しかし,図 2.18 の結果から,製造条件を $(x_1, x_2) = (28.8, 28.0)$ に設定して号口試作を行ってみたところ,表 2.13 に示すような多数の不良品が発生しました.

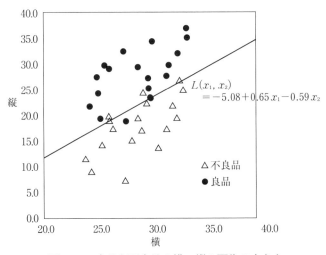

図2.18　良品と不良品の横・縦の画像の大きさ

表2.13のデータから良品と不良品の散布図を作成すると，図2.19が得られ，図2.18の場合とは違って，簡単に直線関係で層別できそうにありません．

そこで，良品群を基本空間としたときのマハラノビス距離の2乗$D(x_1, x_2)^2$を計算すると，

$$D(x_1, x_2)^2 = 0.268(x_1-29.1)^2 + 0.071(x_2-27.9)^2 \\ -0.190(x_1-29.1)(x_2-27.9)$$

が得られます(品質管理では，この距離を「マハラノビス・タグチの距離(MT距離)」ともいいます)[14]．この関数を用いて，表2.13のデータに対する距離Dを求め，それらを用いて棒グラフを作成すると，図2.20が得られます．

図2.20をみると，この公式で計算したMT距離は，良品と不良品を完全に分離できていることがわかります．すなわち，この問題解決を通じて，蓋物の塗布面に対する画像データにおける横幅と縦幅の基本空間における重心(平均)からのMT距離を求めることで，品質保証を行う方法論を獲得することができたことになります．

図2.18のように良品群と不良品群の相関構造が類似していて，それ

2.7 MTシステムによる良品と不良品の判別

表2.13 号口試作データ

No.	良品		No.	不良品	
	横	縦		横	縦
1	26.2	27.5	1	22.6	14.3
2	25.5	24.2	2	31.1	43.9
3	27.1	29.7	3	35.9	30.9
4	30.8	23.6	4	31.0	17.1
5	27.7	18.8	5	34.9	47.5
6	29.2	27.2	6	23.4	33.6
7	32.5	29.7	7	34.6	25.9
8	29.7	32.4	8	40.9	42.0
9	25.5	19.2	9	26.5	37.5
10	33.1	35.0	10	37.2	36.1
11	30.4	34.4			
12	25.8	21.6			
13	32.8	36.9			
14	28.3	25.2			
15	28.9	29.4			
16	31.6	27.6			
17	32.2	31.9			
18	26.5	27.5			

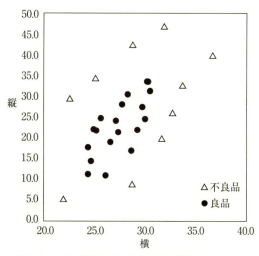

図2.19 初期流動中の横・縦の画像の大きさ

第2章 統計的方法の活用による日常管理データの解析

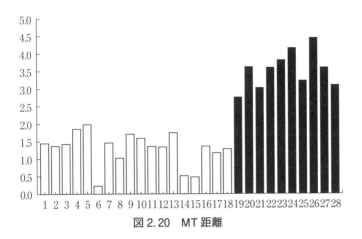

図2.20　MT距離

らの重心(平均)に違いがある場合には，線形判別分析法を適用できるのですが，図2.19のように不良品データが多種多様な構造をしているときには，ここで紹介したMTシステムが威力を発揮することがあります．特に，画像データを用いた検査情報を活用して品質保証を行っているような場合には，この方法が有効で，自動車保安部品の品質保証を行うために優れた成果をあげている企業もあります．

第3章

実験計画法の活用

実験計画法は，1925年にFisherが農事試験に統計的な考え方と方法を導入したことにはじまるといわれています．その意味で，決して新しい方法ではないのですが，品質管理の分野では，戦後間もなく田口玄一氏が直交表の概念と方法論を紹介して以来，工業製品の品質や収量の向上，あるいは，生産効率の改善などに適用されて，大きな成果をあげている方法です．

　実験計画法を適用しようとする技術者は，その領域の専門家として，実験結果に対する予見をもっているものですが，それらの予見が強すぎるために判断を誤ってしまうこともあります．ここで紹介する実験計画法は，技術者に対して冷静な判断を与えるとともに，客観的な意思決定を行うための技術材料を提供してくれるありがたい方法なのです．

　実験の結果は，再現性があり信頼できるものでばければならないことは当然です．しかし，そのためには相当数の実験回数が必要になると考える読者が多いのではないと思います．利益を追求する企業において，実験に投入できる資源には限界があるものです．その意味で，これから紹介する実験計画法の事例は，そうした経済性を同時に追求したものになっています．

　また，企業活動のグローバル化，ボーダレス化が進展する中で，要素技術開発や生産技術開発に携わっている人たちは，これまでにないコスト制約の下で，画期的な品質水準を達成できる新技術をスピーディーに開発することが求められています．そのような環境にある技術者にとって，実験計画法の考え方がどのように有効であるかを示す幾つかの事例を紹介したいと思います．

　ところで，実務においてもっとも多く用いられる実験計画法は直交表による一部実施法であるといわれます．その直交表には2因子2水準の要因配置実験から派生した$L_4(2^3)$直交表，3因子2水準から派生した$L_8(2^7)$直交表，4因子2水準から派生した$L_{16}(2^{15})$直交表などの2水準系直交表と，2因子3水準の要因配置実験から派生した$L_9(3^4)$直交表，3因子3水準から派生した$L_{27}(3^{13})$直交表などのほかに，1つの2水準因子と7つの3水準因子を配置できる$L_{18}(2\times3^7)$混合直交表などがあ

ります.

ここで，$L_{16}(2^{15})$ などにおける記号 "L" はラテン方格法を表し，その添字は実験回数，上付き添字は割付けることのできる最大因子数を表します．したがって，$L_{16}(2^{15})$ 直交表の場合には，最大 15 個の 2 水準系の実験因子を取り上げた実験を 16 回行うことによって，それら因子の主効果を評価することができることになっています．

直交表による実験の計画法や分散分析による効果の検定法あるいは特定条件における母平均や予測値の推測法については専門書[15][16][17]に譲ることにして，ここでは，直交表による実験の事例を紹介することとします．

3.1 二元配置分散分析

某社の製造工程では，切削冶具を用いて鋼材に斜め穴をあける加工を行っています．そこでは穴加工にともなう品質問題に加えて，切削冶具寿命が冶具メーカーの推奨値に比べて短いことが問題です．この冶具寿命の不安定さが設備の頻発停止を引き起こし，生産性を大きく阻害することにもつながっています．以下では，製造工場の技術員室メンバーが行った改善活動における二元配置分散分析法を中心とした，QC 手法の組合せ活用事例を紹介います．

3.1.1 現状把握

切削冶具の寿命に関係すると思われる要因について，FT 図を用いて検討したところ，「切削時の深さと角度が影響しているのではないか」という仮説が取り上げられました．そこで，仮説検証を行うため，製造記録を調べ，表 3.1 のデータを得ました．

(1) **散布図活用による相関分析**

表 3.1 を用いて，「切削深さ」と「冶具寿命」，「切込角度」と「冶具寿命」，「切込深さ」と「切削角度」の相関関係を把握するため，それぞ

表3.1 切削深さと切削角度および冶具寿命

No.	切削深さ	切込角度	寿命	No.	切削深さ	切込角度	寿命
1	116.2	1.8	119.3	11	116.3	2.5	118.8
2	115.9	1.7	120.0	12	115.8	1.2	121.4
3	116.2	1.9	119.4	13	116.1	2.5	118.9
4	115.3	2.9	118.6	14	116.4	2.2	118.1
5	116.0	1.2	120.6	15	116.1	1.7	120.0
6	116.3	1.8	118.3	16	116.3	2.9	117.7
7	115.7	1.8	120.0	17	115.9	1.9	119.0
8	116.6	2.2	118.8	18	116.3	2.4	117.0
9	116.5	2.5	117.8	19	115.5	1.4	122.4
10	115.6	2.2	119.9	20	117.2	2.4	116.6

れに関する散布図を作成しました（図3.1）．

図3.1の散布図から，切削深さと切削角度は冶具寿命と強い相関をもっていることがわかります．また，切削深さと切削角度の間には相関関係がないようにみえます．しかし，相関分析といえば，変数x_jとx_kの相関係数を

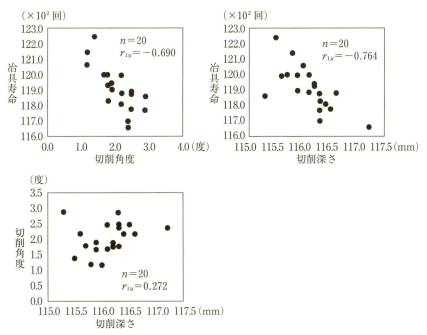

図3.1 切削深さと切削角度および冶具寿命の散布図

$$r_{jk} = \frac{\sum_{i=1}^{n}(x_{ij}-\bar{x}_j)(x_{ik}-\bar{x}_k)}{\sqrt{\sum_{i=1}^{n}(x_{ij}-\bar{x}_j)^2 \sum_{i=1}^{n}(x_{ik}-\bar{x}_k)^2}}$$

で計算する単相関係数が用いられると思いますが，第3の変数x_tが関与している場合には，

$$r_{jk \cdot t} = \frac{r_{jk} - r_{jt}r_{tk}}{\sqrt{(1-r_{jt}^2)(1-r_{tk}^2)}}$$

で計算される偏相関係数を用いることも大切になります．実際に，図3.1の相関係数から偏相関係数を計算すると，

$$r_{12 \cdot y} = \frac{r_{12} - r_{1y}r_{y2}}{\sqrt{(1-r_{1y}^2)(1-r_{y2}^2)}}$$
$$= \frac{0.272 - (-0.690) \times (-0.764)}{\sqrt{(1-(-0.690)^2)(1-(-0.764)^2)}} = -0.547$$

となっています．このようにしてすべての偏相関係数を求めると，図3.2のような関係になっていることがわかります．

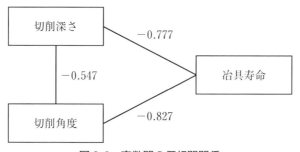

図3.2　変数間の偏相関関係

すなわち，すべての変数には，図3.1で与えられたよりも強い相関関係のあることがわかります．

(2)　回帰分析

そこで，2つの要因(切削深さと切削角度)を説明変数，冶具寿命を目的変数とした回帰分析を行うと，表3.2の結果が得られます．

また，切込深さx_1と切込角度x_2は冶具寿命yに対して，

表3.2　重回帰分析の結果

要因	S	ϕ	V	F_0	p値	$F(0.05)$
回帰	31.754	2	15.877	42.92	0.000	3.59
残差	6.288	17	0.370			
合計	38.042	19				

$$y = 119.1 - 1.723(x_1 - 116.1) - 1.769(x_2 - 2.1)$$

の線形関係があり，この回帰式によって，冶具寿命の変動の自由度調整済み寄与率 $R^{*2}=81.5\%$ まで説明できていることがわかります．

3.1.2　要因の解析

　この結果を受けて，切削深さと切削角度の最適条件を求めるため，次のように，切削深さ A を4水準，切削角度 B を4水準取り上げた二元配置実験を行うことにしました．

　　切削深さ A：A_1(10 mm)，A_2(11 mm)，A_3(12 mm)，A_4(13 mm)
　　切削角度 B：B_1(5度)，B_2(7度)，B_3(9度)，B_4(11度)

各実験条件で繰返し2回の二元配置実験を行い，寿命を測定したところ，表3.3に示す結果が得られました．

(1)　データのグラフ化

　表3.3のデータをグラフ化すると，図3.3が得られます．
　図3.3の全データのプロットをみると，各実験組合せにおけるデータ

表3.3　二元配置実験データ

	B_1	B_2	B_3	B_4
A_1	127.2 128.2	126.8 124.5	124.3 125.6	125.4 123.7
A_2	125.9 125.7	117.9 117.6	131.5 132.5	128.6 127.4
A_3	123.0 121.5	113.1 113.6	113.5 112.2	118.5 120.2
A_4	118.0 120.9	115.6 117.7	111.7 112.8	119.5 118.7

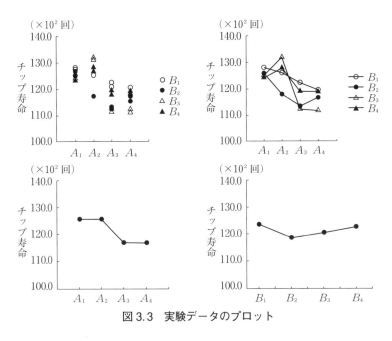

図3.3 実験データのプロット

表3.4 繰返しデータ間の範囲

	B_1	B_2	B_3	B_4
A_1	1.0	2.3	1.3	1.7
A_2	0.2	0.3	1.0	1.2
A_3	1.5	0.5	1.3	1.7
A_4	2.9	2.1	1.1	0.8

のばらつきは同程度のように見えます．実際に，繰返しデータ間の範囲を計算すると，表3.4のようになり，管理図における上部管理限界（UCL）を計算すると，$UCL=4.268$であることから，等分散性を疑う根拠はないといえます．

また，$A \times B$の平均値のプロットをみると，交互作用効果が存在しているように見えます．さらに，因子Aの平均値と因子Bの平均値のプロットをみると，因子AとBの主効果があるように見えます．

(2) **分散分析**

表3.3のデータに対する分散分析表を作成すると，表3.5が得られま

表 3.5 分散分析表

要因	S	ϕ	V	F_0	p 値	$F(0.05)$
A	632.943	3	210.981	191.856	0.000	3.24
B	141.311	3	47.104	42.834	0.000	3.24
$A \times B$	279.850	9	31.094	28.276	0.000	2.54
e	17.595	16	1.100			
T	1071.700	31				

す．したがって，因子 A と因子 B の主効果および交互作用 $A \times B$ の効果は，すべて高度に有意であることがわかります．

3.1.3 最適化
(1) 分散分析による最適化

表3.3のデータ表または図3.3の $A \times B$ のプロットから，冶具寿命を最大化する条件は $A_2 B_3$ であることがわかり，その最適条件における寿命の点推定値は 132.0 であって，信頼率 95% の信頼区間は (123.6, 140.4)，信頼率 95% の予測区間は (117.5, 146.5) であることがわかります．表 3.1 の製造記録における冶具寿命の最大値が 124.0 であったことを考えると，最適条件によって，平均的には 8.0 の寿命延長が図られることになります．

(2) 応答曲面法による最適化

また，切削深さと切削角度を説明変数，冶具寿命を目的変数とした応答曲面法による最適化を実施すると，

$$y = 160.238 - 0.549\,x_1 - 0.049\,x_2 - 0.080(x_1-11.5)(x_2-8.0)$$
$$- 0.066(x_1-11.5)^2 + 0.015(x_2-8.0)^2$$

が得られ，最適条件は切削深さ 10 (mm)，切削角度 11 (度) であって，その条件における信頼率 95% の予測区間は (118.99, 138.50) であることがわかります．

このように，目的変数を最適化するという立場では，二元配置分散分析の結果を用いるのではなく，応答曲面法による結果を用いることもできます．ただし，最適条件を求めるモデルが異なっているため，得られ

る結果が同じである保証がないため，技術的な検討を必要とする点に注意してください．

3.2 乱塊法による一元配置分散分析

某社の化学薬品の合成工程では，不純物の含有率が 400 ppm 程度でありました．これを低下させる目的で，改善案を検討したところ，4 案が提案されたため，オンライン実験によって，各案による不純物含有量を測定する実験を行うことになりました．

しかし，実験の規模の大きさから 1 日に最大 4 回までの実験にならざるを得ないうえに，実験環境が日によって変化し，これが実験結果に影響を及ぼす可能性を否定できません．

そこで，実験日における A_1〜A_4 の実験順序をランダム化したうえで，16 回の実験を行ったところ，表 3.6 の実験結果を得ることができました．

3.2.1 データのグラフ化

表 3.6 のデータをグラフ化すると，図 3.4 のようになります．

図 3.4 におけるデータのプロットをみると，方法によって不純物の含有率が異なっていることが予想できますが，実験日の環境も影響していると思われます．

3.2.2 分散分析

表 3.6 のデータは，3.1 節の事例における二元配置分散実験の繰返しが

表 3.6 繰返しのない二元配置実験データ

	B_1	B_2	B_3	B_4
A_1	310	360	320	350
A_2	325	375	335	370
A_3	255	285	275	290
A_4	265	320	300	315

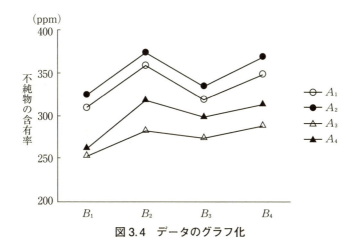

図 3.4 データのグラフ化

表 3.7 分散分析表

要因	S	ϕ	V	F_0	p 値	$F(0.05)$
A	13756.250	3	4585.417	81.52	0.000	3.86
B	5631.250	3	1877.083	33.37	0.000	3.86
e	506.250	9	56.250			
T	19893.750	15				

ない場合に相当するため,その分散分析表は,表3.7のようになります.

表3.7から,因子A(改善案)と因子B(実験日)は高度に有意であること,すなわち,4案による不純物含有率の母平均には違いのあることがわかります.しかし,図3.4から考察したように,実験日による環境の変化が不純物含有率に大きな影響を及ぼしていることもわかります.

3.2.3 最適条件における推測

このとき,因子Bは実験日であるため,いつでも最適な実験日の条件で化学薬品を合成できる保証がない以上,3.1節の事例のように最適条件における不純物含有率の母平均を推定することはできません.このような,実験因子を表示因子やブロック因子といい,この場合の実験を乱塊法による一元配置実験といいます.品質工学においては,この因子Bを誤差因子として取り扱うこともあります.

(1) 最適条件における母平均の点推定

図3.4のグラフから，実験日によらず不純物含有率をもっとも小さくできる因子 A の最適条件は A_3 案であって，その母平均の推定値は $276.25\,(\mathrm{ppm})$ になっています．

(2) 最適条件における母平均の信頼区間

この場合に問題となるのは，実験データが
$$x_{ij} = \mu + \alpha_i + b_j + \varepsilon_{ij}$$
と表され，実験日の効果 B は正規分布 $N(0, \sigma_B^2)$ に従う確率変数であるということです．したがって，A_3 案における不純物含有率は
$$\widehat{\mu}(A_3) = \mu + \alpha_3 + \bar{b} + \bar{\varepsilon}_3.$$
によって推定されるため，その誤差分散が
$$\sigma^2(\widehat{\mu}(A_3)) = \frac{\sigma_B^2}{r} + \frac{\sigma_e^2}{r}$$
で与えられることになります．

分散分析表における分散 V_B の期待値が
$$E(V_B) = \sigma_e^2 + a\,\sigma_B^2$$
と推定されることから，誤差分散は
$$\widehat{\sigma}^2(\widehat{\mu}(A_3)) = \frac{1}{r}\frac{V_B - V_e}{a} + \frac{V_e}{r} = \frac{1}{ar}V_B + \frac{a-1}{ar}V_e$$
によって推定されることになります．この推定値は，サタスウェートの公式によって，その等価自由度を
$$\phi^* = \frac{\{V_B + (a-1)V_e\}^2}{\dfrac{V_B^2}{\phi_B} + \dfrac{((a-1)V_e)^2}{\phi_e}} = \frac{\{1877.083 + 3\times 56.25\}^2}{\dfrac{1877.083^2}{3} + \dfrac{(3\times 56.25)^2}{3}} = 3.54$$
として求める必要があります．

以上より，最適条件における母平均に対する信頼率95%の信頼区間は
$$\widehat{\mu}(A_3) \pm t(\phi^*, 0.05) \times \widehat{\sigma}(\widehat{\mu}(A_3)) = 276.25 \pm 3.182 \times \sqrt{170.486}$$
$$= 276.25 \pm 41.55$$
から，$(234.70, 317.80)$ であることがわかります．

3.3 共分散分析

某社の化学反応工程では,製品の収量 y(kg)を高めるための検討を行うことになりました.製品の収量には,添加物の量 A(%)と製造時の処理温度 B(℃)が影響を及ぼすことが知られているため,担当者は,

添加量 　　　A：A_1(0.5%),A_2(1.0%),A_3(1.5%),A_4(2.0%)

処理温度　　 B：B_1(100℃),B_2(120℃),B_3(140℃)

を実験因子とした二元配置実験を行うことにしました(表3.8).

3.3.1　二元配置分散分析

表3.8の実験データを横軸に因子 A の水準,縦軸に収量 y(kg)をとり,処理温度 B(℃)で層別したグラフを作成しました(図3.5).

表3.8　実験データ

	B_1	B_2	B_3
A_1	80	100	110
A_2	130	90	100
A_3	100	110	125
A_4	110	120	120

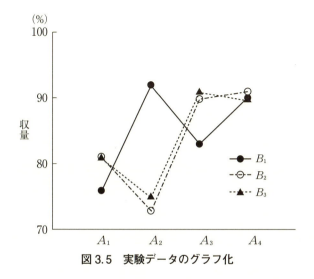

図3.5　実験データのグラフ化

第 3 章　実験計画法の活用

表 3.9　分散分析表

要因	S	ϕ	V	F_0	p 値	$F(0.05)$
A	279.58	3	93.19	2.08	0.204	4.76
B	4.67	2	2.33	0.05	0.950	5.14
e	268.67	6	44.78			
T	552.92	11				

　因子 A と B の各水準におけるデータのばらつきは同程度であるという仮説のうえで，繰返しのない二元配置分散分析を行ったところ，表 3.9 の分散分析表が得られました．

　因子 A と B は有意水準 5% で有意でないのみか，それぞれの p 値が 20% を超えるという現実に直面してしまいました．これでは，従来の知見が全否定されたことになるため，担当者はただ茫然とするのみです．

3.3.2　共変量の存在

　担当者は，この結果を携えて TQM 推進部の SQC 担当スタッフに相談に来ました．そのとき，担当スタッフは，「実験の際，実験結果に影響を及ぼす第三の要因はなかったのですか」と質問します．担当者は，「原料中のある成分含有量 x(kg) の影響が考えられるのですが，実験を行うときに制御できるものではありません」との回答です．

　実験計画法では，実験に因子として取り上げていない要因によって，実験の場の均一性が破壊される場合，実験の場をいくつかに層別することで，因子の効果を精度よく検出できるように配慮します．これを小分けの原理といいます．

　今回は，実験の場を層別したり，実験因子以外のものを制御したりできない場合に相当しています．このような場合には，制御できなかった要因を補助測定することによって，これらの変動による影響を解析の段階で除去し，研究している実験因子の効果を精度よく検討する方法として共分散分析法 (analysis of covariance) と呼ばれる方法があります．

　表 3.8 の実験データにおける原料中の成分 C の含有量を調べたものを表 3.10 に示します．

表3.10 共変量と二元配置実験データ

	B_1		B_2		B_3	
	x	y	x	y	x	y
A_1	80	76	100	81	110	81
A_2	130	92	90	73	100	75
A_3	100	83	110	90	125	91
A_4	110	90	120	91	120	90

(1) 共変量(x)と収量(y)の散布図

表3.8のデータから,製造時の処理温度Bの水準で層別した成分の含有量(x)と収量(y)の散布図を作成すると,図3.6のようになります.

図3.6をみると,製品の収量(y)は,成分の含有量(x)に関して直線的に変化しています.また,その変化率(傾き)は処理温度Bの水準に関係なく一定になっているようにみえます.

このような場合は,従来の二元配置分散分析モデル

$$y_{ij} = \mu + \alpha_i + \beta_j + \varepsilon_{ij}$$

ではなく,成分の含有量(x)との間に線形式を含んだモデル

$$y_{ij} = \mu + \alpha_i + \beta_j + \gamma_1(x_{ij} - \bar{x}) + \varepsilon_{ij}$$

を考えることが必要になることがあります.

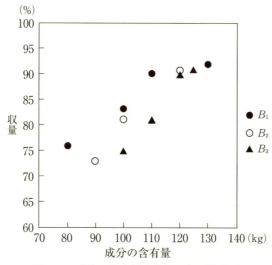

図3.6 成分の含有量と収量の層別散布図

第3章　実験計画法の活用

表 3.11　共分散分析による分散分析表

要因	S	ϕ	V	F_0	p 値	$F(0.05)$
(R)	428.09	1	428.09	*	*	*
A	69.44	3	23.15	6.99	0.031	5.41
B	38.83	2	19.41	5.86	0.049	5.79
e	16.56	5	3.31			
T	552.92	11				

(2) 共分散分析法による解析

詳細な計算手順は別書に譲るとして，上記の共分散分析モデルによってデータを解析すると，表 3.11 の分散分析表が得られます．

表 3.9 とは違って，因子 A と因子 B は高度に有意であることがわかります．ただ，この場合には，回帰による直線性に関する仮説

$H_0 : \gamma_1 = 0$

$H_1 : \gamma_1 \neq 0$

の検定は，表 3.11 の (R) に関する分散 V_R と誤差分散 V_e の比ではなく，自由度 $\phi_{R(e)}=1$ の平方和

$$S_{R(e)} = \frac{\left(\sum_{i=1}^{a}\sum_{j=1}^{n}(x_{ij}-\bar{x}_{i.})(y_{ij}-\bar{y}_{i.})\right)^2}{\sum_{i=1}^{a}\sum_{j=1}^{n}(x_{ij}-\bar{x}_{i.})^2}$$

と誤差分散 V_e の比として計算される

$$F_0 = \frac{S_{R(e)}/\phi_{R(e)}}{S_e/\phi_e}$$

と棄却域 $R : F_0 \geq F(\phi_{R(e)}, \phi_e; 0.05)$ を用いて検定する必要があります．実際に，この検定量を計算すると $F_0 = 252.103/(16.56/5) = 76.10$ より，検定結果は，高度に有意であって，その推定値は $\hat{\gamma}_1 = 0.408$ であることがわかります．

(3) 最適条件における母平均の推定

水準組合せ $A_i B_j$ における母平均は

$$\hat{\mu}(A_i B_j) = \bar{y} + (\bar{y}_{i.} - \bar{y}) + (\bar{y}_{.j} - \bar{y}) + \hat{\gamma}_1 (\bar{\bar{x}} - \bar{x}_{.j})$$

によって推定されるため，点推定値は，表 3.12 で与えられます．した

表3.12 収量の点推定値

	B_1	B_2	B_3
A_1	68.77	75.43	80.02
A_2	89.85	72.02	76.60
A_3	85.60	88.18	94.81
A_4	92.02	94.60	95.10

がって，収量を最大にする条件は A_4B_3 条件であって，その収量の点推定値は 95.1(kg) であることになります．

また，その水準における母平均に対する信頼率 $100(1-\alpha)\%$ の信頼区間は，

$$\widehat{V}(\widehat{\mu}(A_iB_j)) = \left(\frac{1}{a}+\frac{1}{b}-\frac{1}{ab}+\frac{\{(\bar{x}-\bar{x}_{i.})+(\bar{x}-\bar{x}_{.j})\}^2}{S_{e(xx)}}\right)V_e$$

から，

$$\widehat{V}(\widehat{\mu}(A_iB_j))$$
$$= \left(\frac{1}{4}+\frac{1}{3}-\frac{1}{12}+\frac{\{(113.75-110.0)+(113.75-97.5)\}^2}{2953.833}\right)$$
$$\times 0.105 = 0.2037$$

によって，

$$95.1 \pm t(5, 0.05) \times \sqrt{0.2037} = 95.1 \pm 1.2 \rightarrow (93.9, 96.3)$$

と推定されることがわかります．
ここで，

$$S_{e(xx)} = \sum (x_{ij}-\bar{x})^2 - \sum b(\bar{x}_{i.}-\bar{x})^2 - \sum a(\bar{x}_{.j}-\bar{x})^2$$

であって，A と B は因子 A と B の水準数を表します．

なお，この場合の回帰による残差
$$e_{ij} = y_{ij} - \bar{y} - \hat{\gamma}_1(x_{ij}-\bar{x})$$
に対する因子 A と因子 B に関するグラフを作成すると，図3.7のようになり，因子 A と因子 B が有意であることが理解できます．

第3章　実験計画法の活用

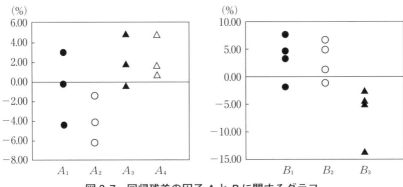

図 3.7　回帰残差の因子 A と B に関するグラフ

3.4　直交表による一部実施実験

　某社では，ダイカスト工法によって自動車用の鋳物を製造しています．最近になって，後工程からのクレームが多くなったため，製品のある特性 (y) について改良を加えることにしました．

　特性 (y) に影響を及ぼすと考えられる 4 つの因子 A, B, C, D を取り上げ，それぞれを 2 水準にとって，$L_8(2^7)$ 型直交表による一部実施法を考えました．交互作用としては，$A \times B$ と $A \times C$ の 2 つ以外は無視できると考えられたため，表 3.13 に示す直交表への割付けを行い，実験を行ったところ，表 3.13 のデータを得ることができました．

表 3.13　因子の割付けとデータ

因子 No.	A [1]	B [2]	$A \times B$ [3]	C [4]	$A \times C$ [5]	e [6]	D [7]	データ
1	1	1	1	1	1	1	1	50.7
2	1	1	1	2	2	2	2	73.6
3	1	2	2	1	1	2	2	36.1
4	1	2	2	2	2	1	1	39.3
5	2	1	2	1	2	1	2	69.5
6	2	1	2	2	1	2	1	32.9
7	2	2	1	1	2	2	1	17.8
8	2	2	1	2	1	1	2	7.3
成分	a	b	ab	c	ac	bc	abc	

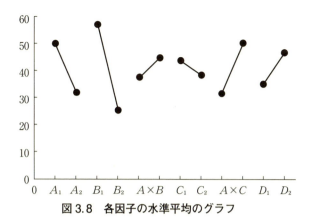

図 3.8　各因子の水準平均のグラフ

3.4.1　データのグラフ化

表 3.13 のデータから，各因子の水準平均をグラフ化すると，図 3.8 のようになります．

この図 3.8 をみるとすべての因子の主効果と交互作用 $A \times B$, $A \times C$ の効果がありそうにみえます．

3.4.2　分散分析表の作成

表 3.13 のデータから表 3.14 の補助計算表を作成すると，表 3.15 の分散分析表(1)を得ることができます．

表 3.15 の分散分析表(1)において，因子 $A \times B$ は有意水準 5% で有意でないため，誤差項にプーリングします．因子 C も有意水準 5% で有意ではないのですが，交互作用 $A \times C$ の p 値が小さいためプーリングしないことにします．こうして，分散分析表(2)を作成すると，表 3.16 のようになります．

この結果，因子 B が有意水準 5% で有意であって，因子 A と交互作用 $A \times C$ が有意水準 10% で有意であることがわかります．この結果は，図 3.8 の考察と違っていますが，図 3.8 では各水準における平均値の差を見ていただけで，データのばらつきを考慮していなかったためであることになります．

表 3.14 分散分析のための補助計算表

A [1]		B [2]		$A \times B$ [3]		C [4]	
1	0	1	0	1	0	1	0
1	0	1	0	1	0	0	1
1	0	0	1	0	1	1	0
1	0	0	1	0	1	0	1
0	1	1	0	0	1	1	0
0	1	1	0	0	1	0	1
0	1	0	1	1	0	1	0
0	1	0	1	1	0	0	1
199.7	127.5	226.7	100.5	149.4	177.8	174.1	153.1
327.2		327.2		327.2		327.2	
39880.09	16256.25	51392.89	10100.25	22320.36	31612.84	30310.81	23439.61
56136.34		61493.14		53933.2		53750.42	
14034.085		15373.285		13483.3		13437.605	
651.61		1990.81		100.82		55.12	

$A \times C$ [5]		e [6]		D [7]		データ
1	0	1	0	1	0	50.7
0	1	0	1	0	1	73.6
1	0	0	1	0	1	36.1
0	1	1	0	1	0	39.3
0	1	1	0	0	1	69.5
1	0	0	1	1	0	32.9
0	1	0	1	1	0	17.8
1	0	1	0	0	1	7.3
127	200.2	166.8	160.4	140.7	186.5	
327.2		327.2		327.2		
16129	40080.04	27822.24	25728.16	19796.49	34782.25	
56209.04		53550.4		54578.74		
14052.26		13387.6		13644.685		
669.78		5.12		262.20		

表 3.15 分散分析表(1)

要因	S	ϕ	V	F_0	p 値	$F(0.05)$
A	651.61	1	651.61	127.27	0.06	161.45
B	1990.81	1	1990.81	388.83	0.03	161.45
C	55.12	1	55.12	10.77	0.19	161.45
D	262.20	1	262.20	51.21	0.09	161.45
$A \times B$	100.82	1	100.82	19.69	0.14	161.45
$A \times C$	669.78	1	669.78	130.82	0.06	161.45
e	5.12	1	5.12			
T	3735.46					

表 3.16 分散分析表(2)

要因	S	ϕ	V	F_0	p 値	$F(0.05)$
A	651.61	1	651.61	127.27	0.06	18.51
B	1990.81	1	1990.81	388.83	0.03	18.51
C	55.12	1	55.12	10.77	0.19	18.51
D	262.20	1	262.20	51.21	0.09	18.51
$A\times C$	669.78	1	669.78	130.82	0.06	18.51
e'	105.94	2	52.97			
T	3735.46					

3.4.3 最適条件における推測

表 3.13 のデータから，目的特性の母平均を最大にする条件は $A_1B_1C_2D_2$ であって，その点推定値は

$$\widehat{\mu}(A_1B_1C_2D_2) = \widehat{\mu}(A_1C_2) + \widehat{\mu}(B_1) + \widehat{\mu}(D_2) - 2\widehat{\mu}$$
$$= \frac{113.0}{2} + \frac{226.7}{4} + \frac{1863.5}{4} - 2\times\frac{327.2}{8}$$

より 78.0 であることになります．

また，有効繰り返し数 n_e は，田口の公式

$$\frac{1}{n_e} = \frac{1 + 点推定に用いた自由度の和}{実験回数} = \frac{1+5}{8} = \frac{3}{4}$$

または，伊奈の公式

$$\frac{1}{n_e} = 点推定に用いている係数の和 = \frac{1}{2} + \frac{1}{4} + \frac{1}{4} - 2\times\frac{1}{8} = \frac{3}{4}$$

を用いると，信頼率 95% の信頼区間は，

$$\widehat{\mu}(A_1B_1C_2D_2) \pm t(\phi_{e'}, 0.05) \times \sqrt{\frac{V_{e'}}{n_e}}$$
$$= 78.0 \pm t(2, 0.05) \times \sqrt{\frac{3\times 52.97}{4}} = 78.0 \pm 27.12$$

より，(50.88, 105.12) で与えられることがわかります．

3.5 回帰分析法と実験計画法の組合せ

某社では，飲料用のペットボトルに使用される樹脂製品の製品収率は

60.0％ほどでした．製品収率の向上を目的として，直近1カ月間の製造記録から，製品原材料Aの量(x_1：kg)，原材料中の成分BとCの含有量(x_2：g)と(x_3：g)，副原料Dの添加量(x_4：g)と副原料中の成分Fの含有量(x_5：g)および製品収率(y：％)に関するデータを収集しました（表3.17）．

3.5.1　回帰分析法によるデータ解析

表3.17の製造記録にあるデータを用いて，収率(y)と5つの要因の因果関係を回帰分析法によって明らかにします．

(1) **散布図による相関関係**

5つの説明変数である要因と目的変数である収率の散布図を作成すると，図3.9のようになります．

図3.9をみると，それぞれの散布図に特筆すべき外れ値は存在していないように思われます．また，原料中の成分Bの含有量(x_2)と収率(y)の相関がもっとも高く，これが強く影響しているように思われます．

(2) **回帰分析法による因果関係の分析**

表3.17のデータを用いて，回帰分析法による因果関係の分析を行うと，次の結果が得られます（表3.18）．

したがって，収率(y)と5つの説明変数の間には，

表3.17　製造記録データ

No.	x_1	x_2	x_3	x_4	x_5	y	No.	x_1	x_2	x_3	x_4	x_5	y
1	49	26	33	18	30	64	11	49	27	40	23	30	64
2	54	31	36	23	31	66	12	45	21	38	21	35	63
3	53	23	42	18	28	63	13	47	34	22	17	29	66
4	47	45	55	23	25	67	14	51	24	34	14	30	63
5	45	46	24	25	21	68	15	48	34	32	18	29	66
6	52	24	47	26	29	64	16	52	39	47	29	32	68
7	54	29	55	22	30	64	17	44	30	44	17	30	65
8	50	23	36	13	30	64	18	58	31	32	23	31	69
9	55	33	41	25	32	67	19	50	33	56	18	30	63
10	51	44	28	19	32	70	20	47	29	47	23	30	64

3.5 回帰分析法と実験計画法の組合せ

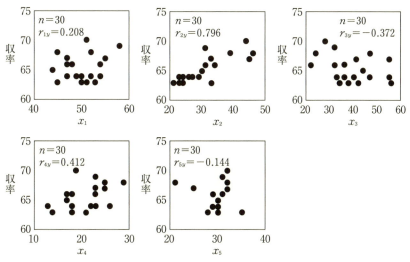

図 3.9　説明変数と目的変数の散布図

表 3.18　回帰分析の結果

説明変数	分散比	p 値	偏回帰係数	標準偏回帰
定数項	177.741	0.000	46.311	
x_1	8.176	0.013	0.157	0.268
x_2	60.909	0.000	0.245	0.844
x_3	16.691	0.001	-0.082	-0.373
x_4	2.314	0.150	0.081	0.155
x_5	4.918	0.044	0.173	0.244

$$y = 46.3 + 0.157\,x_1 + 0.245\,x_2 - 0.082\,x_3 + 0.081\,x_4 + 0.173\,x_5$$

の因果関係のあり，その自由度調整済み寄与率は $R^{*2}=0.861$ と大きな値になります．

(3) 残差分析

　この回帰式の妥当性を診断するため，標準化残差と説明変数の散布図を作成すると，図 3.10 のようになります．

　図 3.10 をみると，各説明変数の散布図にいくつかの離れた点があるものの，外れ値かどうかを標準化残差 e' に対して，$|e'| \geq 2.5$ で判断すると，問題となる点は存在していません．また，散布図には特筆すべき

第3章　実験計画法の活用

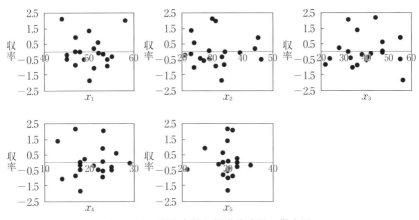

図 3.10　説明変数と標準化残差の散布図

傾向もなく，上記の因果関係で説明できそうです．

(4) 収率の予測値と観測値の散布図

求めた因果関係式の妥当性を確認するため，収率の予測値と観測値の散布図を作成すると，図3.11のようになります．

図3.11の散布図をみると，収率(y)を向上させるためには，これらの5つの要因に対する最適条件を設定すればよいという結論が得られたと

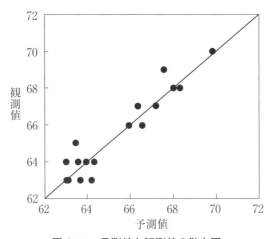

図 3.11　予測値と観測値の散布図

考えてよさそうです．

3.5.2 非制御の製造条件を考慮した解析

しかし，製造部門の関係者から，表3.17のデータを収集した期間は，
- 補助剤1の種類 P が固定されていた
- 補助剤2の種類 Q が固定されていた

という特殊条件下で製造されたものであり，実際には，これらの非制御条件が収率に及ぼす影響を無視することができないという意見が寄せられました．

そこで，先ほどの5つの制御要因を $L_8(2^7)$ 型直交表の内側因子，補助剤の種類 P(2水準)と添加量 Q(4水準)を外側因子としたオフライン実験を行うことで，それら非制御因子の影響を解析することを考えます(表3.19)．

(1) 直積法によるデータ解析

表3.19のデータを実験計画法の直積法によって解析すると，表3.20の分散分析表(プーリング後)を得ることができます．

製造現場が指摘したとおり，原料中の成分 B の含有量と添加剤1の種類 P との交互作用 $B \times P$ が有意水準5%で有意であり，副原料中の成分 F と添加剤2の種類と Q との交互作用 $F \times Q$ の影響も無視でないことがわかります．

また，最適条件は $A_2 B_2 C_2 D_1 F_1 P_1 Q_1$ であって，その母平均の点推定

表 3.19 因子の割付けと実験データ

因子 列番号	A [1]	e [2]	B [3]	C [4]	D [5]	F [6]	e [7]	P_1				P_2			
								Q_1	Q_2	Q_3	Q_4	Q_1	Q_2	Q_3	Q_4
1	1	1	1	1	1	1	1	68.4	67.2	66.8	65.6	68.2	66.6	67.4	66.2
2	1	1	1	2	2	2	2	68.6	64.6	66.4	66.2	67.0	67.2	68.2	65.8
3	1	2	2	1	1	2	2	72.4	72.8	73.4	69.8	73.4	72.0	72.2	70.8
4	1	2	2	2	2	1	1	70.0	68.8	69.6	68.4	69.6	68.8	69.4	67.4
5	2	1	2	1	2	1	2	70.2	68.2	68.8	67.4	70.0	68.0	69.0	67.2
6	2	1	2	2	1	2	1	76.6	75.0	75.0	75.4	74.6	73.2	76.0	74.2
7	2	2	1	1	2	2	1	66.6	65.8	65.4	64.8	66.8	65.2	66.4	65.2
8	2	2	1	2	1	1	2	73.0	70.6	71.4	68.8	75.2	71.4	73.4	68.8

表 3.20 分散分析表（プーリング後）

要因	S	ϕ	V	F_0	p 値	$F(0.05)$
A	36.603	1	36.6	12.32	0.072	18.51
B	183.603	1	183.6	61.82	0.016	18.51
C	77.440	1	77.4	26.07	0.036	18.51
D	243.360	1	243.4	81.94	0.012	18.51
F	11.560	1	11.6	3.89	0.187	18.51
e_1	5.940	2	3.0	5.12	0.062	5.79
$B \times P$	3.423	1	3.4	5.90	0.048	6.61
e_2	2.900	5	0.6	0.84	0.527	2.46
Q	52.212	3	17.4	25.33	0.000	2.85
$F \times Q$	3.815	3	1.3	1.85	0.154	2.85
e_3	26.795	39	0.7			1.70
T	647.657	63				

値は 72.15（%）となり，従来の 60.0（%）に比べ，大幅に収率を向上できることがわかります．

(2) SN 比と感度によるデータ解析

しかし，「製造現場では，製品種類と関係のある添加剤 1 と 2 の種類を固定することができない」という意見のあることがわかりました．そのため，直積法において外側因子に設定された 2 つの実験因子 P と Q は，3.3 節の事例における表示因子の性格をもっていることになるため，「これらが変化したときにも，収率が安定的に最大化できる製造条件が好ましい」との意見に基づいて，表 3.19 のデータを品質工学の方法によって解析することにします．

① SN 比に対する解析

表 3.19 のデータから 8 個の実験条件における望目特性として SN 比を求め，その分散分析表を作成すると，表 3.21 の結果を得られます．

② 感度に対する解析

また，感度に対する分散分析表を求めると，表 3.22 のようになります．

また，それぞれの要因グラフを作成すると，図 3.12 のようになります．さらに，SN 比による最適条件 B_2F_2 と感度による最適条件 $A_2C_2D_1$ を総合すると，最適条件は $A_2B_2C_2D_1F_2$ であることがわかります．

3.5 回帰分析法と実験計画法の組合せ

表3.21 SN比に対する分散分析表（プーリング後）

要因	S	ϕ	V	F_0	p値	$F(0.05)$
B	20.289	1	20.289	3.78	0.110	6.61
F	3.105	1	3.105	0.58	0.481	6.61
e	26.867	5	5.373			
T	50.261	7				

表3.22 感度に対する分散分析表（プーリング後）

要因	S	ϕ	V	F_0	p値	$F(0.05)$
A	1.219	1	1.219	5.13	0.108	10.13
B	8.463	1	8.463	35.64	0.009	10.13
C	3.286	1	3.286	13.84	0.034	10.13
D	10.224	1	10.224	43.06	0.007	10.13
e	0.712	3	0.237			
T	23.905	7				

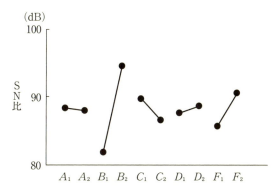
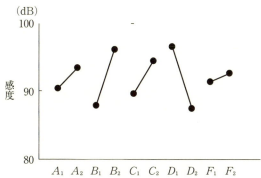

図3.12 SN比と感度に対する要因効果グラフ

第3章 実験計画法の活用

この結果，直積法による最適条件と品質工学法による最適条件には，SN比のよる結果を受けた因子 F の水準の違いがあることがわかります．

最近は，多くの現場において品質工学の考え方が実践されるようになり，直積法の考え方が影を潜めているようにも思われます．しかし，この事例が示すように，誤差因子(外側因子)と制御因子(内側因子)との交互作用の有無を知ることが重要な場面もあり，直積法を活用することも大切ではないかと思います．

3.6　直交表による分割実験

3.2節の事例では，1日に実施できる実験回数に制限があるため，実験日を表示因子とした乱塊法による一元配置実験の話を紹介しました．実は，このような場面は直交表を活用した一部実施法においても登場することがあります．ここでは，表示因子をともなった直交表による実験について事例を紹介します．

某社では，自動車用のエアコンを製造しているのですが，その静粛性を向上させるため，ある構成部品に対する5つの因子 A, B, C, D, F を取り上げ，それらの主効果と交互作用 $A \times B, B \times C$ および $C \times D$ の効果を調べることにしました．実験規模の拡大を防止するため，各因子を2水準とした $L_{16}(2^{15})$ 型直交表による一部実施法による実験を行うことにしました(表3.23)．

3.6.1　分散分析

表3.23のデータによる分散分析表を作成すると，表3.24のようになります．

表3.24から，因子 A と B が有意水準5%で有意であることがわかります．因子 D と交互作用 $C \times D$ は有意水準5%では有意でないのですが，有意水準25%では有意であるため，これらを無視しないこととして，因子 C と D の主効果も残すことになります．その結果，因子 F と交互

3.6 直交表による分割実験

表 3.23　$L_{16}(2^{15})$ 型直交実験によるデータ

割付け列	A [1]	[2]	[3]	C×D [4]	A×B [5]	[6]	B [7]	[8]	C [9]	[10]	F [11]	[12]	D [13]	B×C [14]	[15]	データ
1	1	1	1	1	1	1	1	1	1	1	1	1	1	1	1	11
2	1	1	1	1	1	1	1	2	2	2	2	2	2	2	2	10
3	1	1	1	2	2	2	2	1	1	1	1	2	2	2	2	2
4	1	1	1	2	2	2	2	2	2	2	2	1	1	1	1	10
5	1	2	2	1	1	2	2	1	1	2	2	1	1	2	2	9
6	1	2	2	1	1	2	2	2	2	1	1	2	2	1	1	12
7	1	2	2	2	2	1	1	1	1	2	2	2	2	1	1	23
8	1	2	2	2	2	1	1	2	2	1	1	1	1	2	2	23
9	2	1	2	1	2	1	2	1	2	1	2	1	2	1	2	−4
10	2	1	2	1	2	1	2	2	1	2	1	2	1	2	1	−7
11	2	1	2	2	1	2	1	1	2	1	2	2	1	2	1	7
12	2	1	2	2	1	2	1	2	1	2	1	1	2	1	2	4
13	2	2	1	1	2	2	1	1	2	2	1	1	2	2	1	10
14	2	2	1	1	2	2	1	2	1	1	2	2	1	1	2	11
15	2	2	1	2	1	1	2	1	2	2	1	2	1	1	2	16
16	2	2	1	2	1	1	2	2	1	1	2	1	2	2	1	8

表 3.24　分散分析表(1)

要因	S	ϕ	V	F_0	p 値	$F(0.05)$
A	390.063	1	390.063	12.76	0.01	5.59
B	175.563	1	175.563	5.74	0.05	5.59
C	33.063	1	33.063	1.08	0.33	5.59
D	105.063	1	105.063	3.44	0.11	5.59
F	5.063	1	5.063	0.17	0.70	5.59
$A \times B$	33.063	1	33.063	1.08	0.33	5.59
$B \times C$	27.563	1	27.563	0.90	0.37	5.59
$C \times D$	105.063	1	105.063	3.44	0.11	5.59
e	213.938	7	30.563			
T	1088.438	15				

表 3.25　分散分析表(2)

要因	S	ϕ	V	F_0	p 値	$F(0.05)$
A	390.063	1	390.063	13.95	0.00	4.96
B	175.563	1	175.563	6.28	0.03	4.96
C	33.063	1	33.063	1.18	0.30	4.96
D	105.063	1	105.063	3.76	0.08	4.96
$C \times D$	105.063	1	105.063	3.76	0.08	4.96
e	279.625	10	27.963			
T	1088.438	15	72.563			

作用 $A\times B$ および $B\times C$ を誤差項にプーリングすることで，次の分散分析表(2)を得ることができます(表 3.25)．

この分散分析表(2)から，因子 A と B の主効果は有意水準 5% で有意であって，因子 C と D の主効果は，交互作用 $C\times D$ の有意確率が 8% であることから，無視しないことになります．

3.6.2 分割法による実験

しかし，この結果を報告した技術者に対して，実験の手順を質問したところ，「1日に実施できる実験回数には制限があるため，実験番号1から8までの実験を最初に行い，別の日に実験番号9から16を実施した」ということです．また，「実験数を大幅に縮小するため，因子 A の第1水準 A_1 で製造した部材を実験因子 B の第1水準 B_1 と第2水準 B_2 の方法で加工し，因子 C, D, F の後処理条件によって製造した」ということです．

(1) 直交表による多段分割実験における因子の割付け

この実験は，第1列にブロック因子 R を設定して，因子 R と因子 A を一次因子とし，因子 B を二次因子，因子 C, D, F を三次因子とした直交表による多段分割実験を呼ばれるものであり，技術者の話を組み入れた直交表は，表 3.26 のようになります．

(2) 分散分析

表 3.26 の直交表による多段分割実験に対する分散分析表を作成すると，表 3.27 のようになります．

表 3.27 の分散分析表(1)から，一次誤差 $e_{(1)}$ は有意でなく，二次誤差 $e_{(2)}$ が有意であるため，一次誤差を二次誤差にプーリングします．また，交互作用 $A\times B$ と $C\times D$ は p 値が大きいため，二次誤差にプーリングします．さらに，因子 F の p 値も大きいため，これを三次誤差 $e_{(3)}$ にプーリングすることにします．

以上のように，分散分析表(1)から，有意でない因子を誤差項にプー

3.6 直交表による分割実験

表 3.26　実際の実験を反映した直交表の割付と実験データ

割付け列	R [1]	A [2]	e_1 [3]	$C×D$ [4]	$A×B$ [5]	e_2 [6]	B [7]	e_3 [8]	C [9]	e_3 [10]	F [11]	e_3 [12]	D [13]	$B×C$ [14]	e_3 [15]	データ
1	1	1	1	1	1	1	1	1	1	1	1	1	1	1	1	11
2	1	1	1	1	1	1	2	2	2	2	2	2	2	2	2	10
3	1	1	1	2	2	2	1	1	1	1	2	2	2	2	2	2
4	1	1	1	2	2	2	2	2	2	2	1	1	1	1	1	10
5	1	2	2	1	1	2	2	1	1	2	1	1	2	2	2	9
6	1	2	2	1	1	2	2	2	2	1	2	2	1	1	1	12
7	1	2	2	2	2	1	1	1	1	2	2	2	2	1	1	23
8	1	2	2	2	2	1	2	2	1	1	1	1	1	2	2	23
9	2	1	2	1	2	1	2	1	2	1	2	1	2	1	2	−4
10	2	1	2	1	2	1	2	2	1	2	1	2	1	2	1	−7
11	2	1	2	2	1	2	1	1	2	1	2	1	2	1	2	7
12	2	1	2	2	1	2	1	2	1	2	1	2	1	1	2	4
13	2	2	1	1	2	2	1	1	2	1	1	2	2	2	1	10
14	2	2	1	1	2	2	1	2	1	2	2	1	1	1	2	11
15	2	2	1	2	1	1	2	1	2	1	2	1	1	2	2	16
16	2	2	1	2	1	1	2	2	1	2	1	2	2	1	1	8

表 3.27　分散分析表(1)

要因	S	ϕ	V	F_0	p 値	$F(0.05)$
R	189.063	1	189.0625	25.00	0.126	161.45
A	390.063	1	390.0625	51.58	0.088	161.45
$e_{(1)}$	7.563	1	7.5625	0.54	0.597	161.45
B	175.563	1	175.5625	12.48	0.176	161.45
$A×B$	5.063	1	5.0625	0.36	0.656	161.45
$C×D$	105.063	1	105.0625	7.47	0.223	161.45
$e_{(2)}$	14.063	1	14.0625	17.31	0.014	7.71
C	33.063	1	33.0625	40.69	0.003	7.71
D	14.063	1	14.0625	17.31	0.014	7.71
F	0.563	1	0.5625	0.69	0.452	7.71
$B×C$	27.563	1	27.5625	33.92	0.004	7.71
$e_{(3)}$	3.250	4	0.8125			
T	964.938	15				

リングすることで，次の分散分析表(2)を得ることができます(表3.28).

この分散分析表(2)から，因子 A, B, C, D の主効果と交互作用 $B×C$ が高度に有意であり，交互作用 $C×D$ が有意水準5%で有意であることがわかります．しかし，ブロック因子 R と二次誤差 $e_{(2)}$ が有意になっていることから，実験日による環境変化と製造方法 A によって製造さ

第 3 章　実験計画法の活用

表 3.28　分散分析表(2)

要因	S	ϕ	V	F_0	p 値	$F(0.05)$
R	189.063	1	189.0625	21.25	0.02	10.13
A	390.063	1	390.0625	43.85	0.01	10.13
B	175.563	1	175.5625	19.74	0.02	10.13
$C \times D$	105.063	1	105.0625	11.81	0.04	10.13
$e_{(2)}$	26.688	3	8.895833	11.67	0.04	5.41
C	33.063	1	33.0625	43.36	0.00	6.61
D	14.063	1	14.0625	18.44	0.01	6.61
$B \times C$	27.563	1	27.5625	36.15	0.00	6.61
$e_{(3)}$	3.813	5	0.7625			
T	964.938	15				

表 3.29　$B \times C$ 二元表

	C_1	C_2
B_1	49	50
B_2	12	34

表 3.30　$C \times D$ 二元表

	D_1	D_2
C_1	24	37
C_2	56	28

れた部材を加工方法 B によって加工した際の変動因子が実験結果に影響を及ぼしている可能性があります．

　表 3.26 のデータと表 3.29 の $B \times C$ 二元表と表 3.30 の $C \times D$ 二元表から，最適条件は $A_2 B_1 C_2 D_1$ となるのですが，上記の影響因子が何であるかを明確にしておくことが大切になります．なお，この際の最適条件における母平均の点推定値は 21.44 になります．現行条件 $A_1 B_1 C_1 D_1$ における点推定値が 3.31 であることを考えれば，静粛性は約 7 倍と大幅に向上したことになります．なお，この場合の信頼区間幅は複雑になるため，ここでは割愛します．興味のある読者は，適当なソフトで解析してみてください．

第4章

多変量データ解析法の活用

多変量データ解析法は，調査・実験あるいは日常管理を通じて，職場や市場に溢れる定量的データや定性的データを解析することで，対象とする特性間の母集団における構造関係や因果関係を解析する手法として，ビッグデータ解析の一つとして注目されている統計的データ解析法です．

　今日では，Excelのような簡易データ解析ツールやJUSE-StatWorksに代表される統計ソフト，あるいは，「R」のようなフリーソフトなど，数多くの統計ソフトが活用できる環境が整備されてきました．そのため，これまで技術部門や製造部門に独占されていた統計的データ解析が本社部門や営業部門においても活用されるようになっています．

　ここでは，そうした多変量データ解析法の中から，数量化Ⅲ類，主成分分析，因子分析，線形構造方程式モデル（「SEM」や「共分散構造分析」ともいう），判別分析，ロジスティック判別，プロビット判別を活用する事例を紹介します．これらの数理的な側面やデータ解析の考え方に関心のある読者は，荒木他[18]，奥野他[19]，狩野・三浦[20]，永田・棟近[21]などを参照してください．

4.1　数量化Ⅲ類

　品質管理の分野では，顧客あるいは市場の要求品質と製品特性との関係，品質不具合事象と発生原因との関係を把握したい場面に遭遇することがあります．また，人の身長・体重・胸囲・座高などの身体特性や学生の国語・英語・数学・理科・社会などの成績を用いたサンプル間の分散構造や相関構造を解析したい場面に遭遇することもあります．

　こうした場面において，身体測定値や教科の成績などのような定量的なデータが得られる場合には，4.3節で紹介する主成分分析法や因子分析法あるいは線形構造方程式モデルなどを活用することができます．しかし，要求品質と製品特性との関係や品質不具合事象と発生原因との関係を解析する場面では，マトリックス図の各交点において，関係があれば「1」，そうでなければ「0」とした0・1データのみが得られる場合も

第4章 多変量データ解析法の活用

少なくありません.

4.1.1 マトリックス図に見通しを与える

表4.1は, 4名の高校生に対して, 国語, 英語, 数学の3教科が得意であるかどうかに関して聞き取り調査を行ったと考える仮想データです.

このようなデータが得られた場合, 表4.1のように少ない量の場合を除いて, 個々の学生がどのような科目を得意としているかを簡単に把握することはできません. このような場合に有効な方法として数量化Ⅲ類があります. 詳細は専門書を参照いただくとして, この手法をExcelで解析していると想定して, その手順を紹介して, 解説にしたいと思います.

表4.1のデータに対して, 国語, 英語, 数学に付与されるスコアを x_1, x_2, x_3 とします. また, 4名の学生 #1〜#4 に付与されるスコアを y_1, y_2, y_3, y_4 とします. そして, 表4.2のような表を作成します.

さらに, この表から, 表4.3(A)と表4.3(B)の補助表を作成します.

表 4.1　データ

生徒	科目		
	国語	英語	数学
#1	0	1	1
#2	1	1	0
#3	1	0	0
#4	1	1	1

表 4.2　計算補助表(1)

生徒	科目 スコア	国語 x_1	英語 x_2	数学 x_3	小計(g_k)
#1	y_1	0	1	1	2
#2	y_2	1	1	0	2
#3	y_3	1	0	0	1
#4	y_4	1	1	1	3
小計(f_j)		3	3	2	8

4.1 数量化Ⅲ類

表 4.3(A)　計算補助表(2)

科目	国語	英語	数学	合計	制約値
ウェイト(x_j)	1.00	0.00	−1.00		
$f_j x_j$	3.00	0.00	−2.00	1.00	0.00
$f_j x_j^2$	3.00	0.00	2.00	5.00	1.00

表 4.3(B)　計算補助表(3)

生徒	ウェイト(y_k)	$g_k y_k$	$g_k y_k^2$
#1	1.00	2.00	2.00
#2	1.00	2.00	2.00
#3	−1.00	−1.00	1.00
#4	−1.00	−3.00	3.00
合計		0.00	8.00
制約条件		0.00	1.00

表 4.3(A) における $f_j x_j$ は各教科に対して付与されウェイトの初期値と表 4.2 における教科の小計との積として計算したものです．また，$f_j x_j^2$ は各教科に対して付与されたウェイトの初期値と表 4.2 における教科の小計の 2 乗を掛け合わせたものです．表 4.3(B) の $g_k y_k$ や $g_k y_k^2$ の計算も同様に行っています．

表 4.3(A) における $\sum f_j x_j$ は教科に関するスコアの平均値が 0 であるように，$\sum f_j x_j^2$ は教科に関するスコアの分散が 1 となるように制約をおくために計算しています．

最後に，表 4.1 における教科と生徒の相関係数を計算するために，表 4.4 の計算補助表を作成します．

この計算補助表における #1 の生徒に対する国語のスコアは，表 4.2 における国語のスコア x_1 と生徒のスコア y_1 の積に表 4.2 における値 0 を掛け合わせたものになっています．

以上の準備を行うと，教科と生徒のウェイトの平均が 0 に制約されていることから，教科のウェイトと生徒のウェイトの相関係数は，表 4.4 のすべてのセルの和として与えられます．ここで，この相関係数を最大にする教科と生徒のウェイトを計算したいのですが，相関係数にはプラスとマイナスがあるため，その 2 乗を最大化することにします（この値

第 4 章　多変量データ解析法の活用

表 4.4　計算補助表 (4)

生徒	国語	英語	数学
#1	0.00	0.00	−1.00
#2	1.00	0.00	0.00
#3	−1.00	0.00	0.00
#4	−1.00	0.00	1.00

	相関係数	−1.000
	固有値	1.000

表 4.5　表 4.1 の並べ替え

生徒	教科	数学	英語	国語
	スコア	0.41	0.16	−0.44
#1	0.45	1	1	0
#4	0.07	1	1	1
#2	−0.22	0	1	1
#3	−0.69	0	0	1

が最適化問題における「固有値」となっています).

実際の計算は，Excel のソルバーを用いて行うことになりますが，計算すると，教科のウェイトは，(国語, 英語, 数学) = (−0.44, 0.16, 0.41)，生徒のウェイトは (#1, #2, #3, #4) = (0.45, −0.22, −0.69, 0.07) となっています．最後に，表 4.2 における教科と生徒のウェイトが降順(小さくなる順)に，行方向と列方向を並べ替えると，表 4.5 を得ることができます．

この表 4.5 を見ると，非対角線上に 0 が集中していることがわかります．すなわち，「どの生徒がどの科目を得意としているか」をより鮮明に理解することができます．

4.1.2　品質表を整理する

表 4.6 は，24 個の要求品質と製品特性の対応関係を，対応のあるセルに○を付けることで作成したものです．

この表 4.6 における○を「1」，空白を「0」として数値化した後，数量化Ⅲ類によって解析すると，この表 4.6 を次のように書き換えること

4.1 数量化Ⅲ類

表 4.6 仮想的な品質表

要求品質	製品特性						
	PC$_1$	PC$_2$	PC$_3$	PC$_4$	PC$_5$	PC$_7$	PC$_6$
Q$_1$	○	○	○	○	○	○	○
Q$_2$	○	○	○	○			○
Q$_3$							
Q$_4$	○	○	○	○	○		○
Q$_5$			○	○	○		
Q$_6$	○						○
Q$_7$			○	○	○		
Q$_8$	○			○	○		
Q$_9$		○					
Q$_{10}$	○						
Q$_{11}$		○					
Q$_{12}$	○		○				
Q$_{13}$	○	○	○	○	○	○	
Q$_{14}$		○					
Q$_{15}$			○	○	○		
Q$_{16}$	○		○	○	○		
Q$_{17}$			○	○			
Q$_{18}$			○	○			
Q$_{19}$	○						
Q$_{20}$				○	○		
Q$_{21}$	○						
Q$_{22}$		○					
Q$_{23}$	○						
Q$_{24}$	○	○	○	○	○		

ができます(表 4.7).

　この表 4.7 を見ると，どの要求品質とどの製品特性に関連があるかを簡単に理解することができるのではないでしょうか．

　このように，数量化Ⅲ類を適用することで，表 4.1 や表 4.6 では隠れていて見えない行項目と列項目の構造関係を明らかにすることができます．したがって，この方法を顧客あるいは市場要求品質と製品特性の関係を整理した品質表に適用することで，どのような要求品質とどのよう

表 4.7 表 4.6 の並べ替え

要求品質	製品特性						
	PC_1	PC_2	PC_3	PC_4	PC_5	PC_7	PC_6
Q_3							
Q_{19}	○						
Q_{21}	○						
Q_{23}	○						
Q_{14}		○					
Q_{22}		○					
Q_5			○	○	○		
Q_{20}			○	○	○		
Q_{15}			○	○	○		
Q_7			○	○	○		
Q_{17}			○	○	○		
Q_{18}			○	○	○		
Q_8	○		○	○	○		
Q_{10}	○		○	○	○		
Q_9		○	○	○	○		
Q_{11}		○	○	○	○		
Q_{16}	○	○	○	○	○		
Q_{12}	○	○	○	○	○		
Q_{24}	○	○	○	○	○		○
Q_{13}	○	○	○	○	○		○
Q_2	○	○	○	○	○	○	
Q_4	○	○	○	○	○	○	
Q_6	○	○	○	○	○	○	
Q_1	○	○	○	○	○	○	○

な製品特性の間に相関関係が存在しているのかを明らかにすることもできると期待されます．

4.1.3　新素材の用途開発

しかし，数量化Ⅲ類による行方向の項目と列方向の項目に対する一つのスコア x と y（これらを「成分1のスコア」といいます）のみで，2つの項目間に存在する構造関係を整理できるとは限りません．そのような

表 4.8 要求特性と用途の対応データ

	耐光堅牢性	洗濯堅牢性	汗堅牢性	ドライクリーニング堅牢性	防炎性	吸湿性	防縮性	W&W性	耐摩耗性	耐ピリング性	耐破壊性	通気性	保温性	吸透湿性	撥水撥油性	剛軟性	風合い	ドレープ性	伸張回復	圧縮弾性	ナベリ摩耗	帯電性	難燃性	耐薬品性	耐皮膚障害
紳士夏服	1	1	1	1	0	1	1	0	1	1	0	1	0	1	0	0	1	0	0	0	0	0	0	0	0
紳士合冬服	1	0	0	1	0	0	1	0	1	1	0	0	1	0	0	0	1	0	0	0	0	0	0	0	0
婦人夏服	1	1	1	1	0	1	1	0	0	0	0	1	0	1	0	1	1	1	0	0	0	0	0	0	0
婦人合冬服	1	0	0	1	0	0	1	0	0	0	0	0	1	0	0	1	1	1	0	0	0	0	0	0	0
スカート	1	0	0	1	0	0	1	0	0	0	0	0	0	0	0	1	1	1	0	0	0	0	0	0	0
ズボン	1	0	0	1	0	0	1	0	1	1	0	0	0	0	0	0	1	0	1	0	0	0	0	0	0
オーバーコート	1	0	0	1	0	0	0	0	1	1	0	0	1	0	1	0	1	0	0	0	0	0	0	0	0
レインコート	1	0	0	1	0	0	0	0	0	0	0	0	0	0	1	0	0	0	0	0	0	0	0	0	0
事務服	1	1	1	1	0	1	1	1	1	1	0	1	0	1	0	0	1	0	0	0	0	1	0	0	0
作業服	1	1	1	0	0	1	1	0	1	1	1	1	0	1	0	0	0	0	0	0	0	0	0	1	1
運動服	1	1	1	0	0	1	1	0	1	1	1	1	0	1	0	0	0	0	1	0	0	1	0	0	0
学生服	1	1	1	1	0	1	1	0	1	1	0	1	0	1	0	0	1	0	0	0	0	0	0	0	0
ホームウェア	0	1	0	0	0	1	1	0	0	0	0	1	0	1	0	0	1	0	0	0	0	1	0	0	1
ベビードレス	1	1	0	0	0	1	1	0	0	0	0	1	0	1	0	0	1	0	0	0	0	0	0	0	1
ワイシャツ	1	1	1	0	0	1	1	1	0	0	0	1	0	1	0	0	1	0	0	0	0	1	0	0	1
ブラウス	1	1	1	1	0	1	1	1	0	0	0	1	0	1	0	1	1	1	0	0	0	1	0	0	1
セーター	1	1	0	1	0	1	1	0	1	1	0	0	1	0	0	1	1	0	1	0	0	1	0	0	1
スポーツシャツ	1	1	1	0	0	1	1	0	1	1	0	1	0	1	0	0	1	0	1	0	0	1	0	0	1
ナイトウェア	0	1	1	0	1	1	1	0	0	0	0	1	0	1	0	1	1	0	0	0	0	1	1	0	1
夏冬物下着	0	1	1	0	0	1	1	0	0	0	0	1	0	1	0	0	1	0	1	0	0	1	0	0	1
ファンデーション	0	1	1	0	0	1	1	0	0	0	0	1	0	1	0	0	1	0	1	0	0	1	0	0	1
ベビー肌着	0	1	1	0	0	1	1	0	0	0	0	1	0	1	0	0	1	0	0	0	0	1	0	0	1
タオル	0	1	0	0	0	1	1	0	0	0	0	0	0	1	0	0	1	0	0	0	0	0	0	0	1
ハンカチ	1	1	0	0	0	1	1	1	0	0	0	0	0	1	0	1	1	0	0	0	0	0	0	0	1
帽子	1	0	1	0	0	1	1	0	0	0	0	1	1	0	1	1	1	0	0	0	0	0	0	0	0
マフラー	1	1	0	1	0	0	1	0	0	1	0	0	1	0	0	1	1	0	0	0	0	1	0	0	1
ネクタイ	1	0	0	1	0	0	0	0	0	0	0	0	0	0	0	1	1	1	1	0	0	0	0	0	0
スカーフ	1	1	0	1	0	0	1	0	0	0	0	0	0	0	0	1	1	1	0	0	0	0	0	0	0
手袋	1	1	1	1	0	0	1	0	1	1	0	0	1	0	1	0	1	0	1	0	0	1	0	0	1
靴・鞄	1	0	0	0	0	0	0	0	1	0	1	0	0	0	1	1	0	0	0	0	0	0	0	0	0
かさ	1	0	0	0	0	0	0	0	0	0	0	0	0	0	1	1	0	0	0	0	0	0	0	0	0
カーペット	1	0	0	0	1	0	0	0	1	1	0	0	1	0	1	0	1	0	0	1	1	1	1	0	0
カーテン	1	1	0	0	1	0	1	0	0	0	0	0	0	0	0	1	1	1	0	0	0	1	1	0	0
テーブルクロス	1	1	0	1	0	0	1	1	0	0	0	0	0	0	1	1	1	1	0	0	0	0	0	0	0
マット	1	1	0	0	0	1	0	0	1	1	0	0	0	1	1	0	1	0	0	1	1	0	0	0	0
クッション	1	0	0	0	1	0	0	0	1	1	0	0	0	0	0	0	1	0	0	1	0	0	1	0	0
座布団	1	0	0	0	1	0	0	0	1	1	0	0	1	0	0	0	1	0	0	1	0	0	1	0	0
コタツ掛け	1	0	0	0	1	0	0	0	0	0	0	0	1	0	0	0	1	0	0	0	0	0	1	0	0

第 4 章　多変量データ解析法の活用

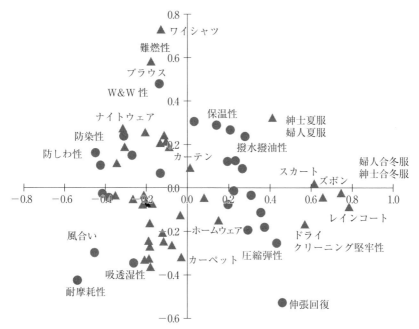

図 4.1　要求特性と用途に関する成分 1 と成分 2 のウェイトによる同時散布図

場合には，成分 2 あるいは成分 3 などに関するスコアを求めることで，そのニーズを実現することができる場合があります．

　表 4.8 は，野口[22]が，新規に開発された繊維製品の最適用途を探索するために策定したマトリックス・データです．

　この表 4.8 を数量化Ⅲ類によって解析し，行方向の要求特性に対する成分 1 と成分 2，列方向の用途に対する成分 1 と成分 2 のウェイトを求めることで，図 4.1 の散布図を作成することができます．

　この図 4.1 の散布図を見ると，紳士夏服や婦人夏服に要求される要求特性と撥水撥油性や保温性があること，レインコート，ズボン，スカートなどにはドライクリーニング堅牢性や圧縮弾性などが要求されることがわかります．また，ワイシャツやブラウスには，難燃性や W&W 性が，ナイトウェアには防染性や防しわ性などが要求されること，カーペットには，吸透湿性や耐摩耗性などの要求されることがわかります．

102

4.2 パス解析

某社では,海外から調達した樹脂原料を粉砕して,反応促進剤と混合した後,溶融炉内で一定加熱することで化学製品を生産しています.その製造工程における現状の製品収率(y)を向上させる目的で,投入する樹脂原料量の純度(x_1),反応促進剤の添加量(x_2)および溶融炉内の熱量(x_3)と収率(y)の関係を把握することになりました.

そこで,現状の製造工程における製造日報から,$n=120$ 組のデータを収集し,その標本相関行列を計算すると,表 4.9 のようになっていました.

4.2.1 回帰分析によるデータ解析

表 4.9 の標本相関行列に基づいて,収率(y)を目的変数,投入樹脂原料の純度(x_1),反応促進剤の添加量(x_2)および溶融炉内の熱量(x_3)を説明変数とした回帰分析を行い,$F_{in}=F_{out}=2.0$ とした変数増減法による変数選択を行うと,自由度調整済み寄与率 $R^{*2}=80.4\%$ の標準化された回帰式

$$y = 0.501\,x_2 + 0.502\,x_3$$

が得られます.

しかし,この回帰推定式では,投入樹脂原料の純度(x_1)が削除されているため,製造工程を最適制御することができなくなると考え,変数選択を行わないことにすると,

$$y = 0.105\,x_1 + 0.439\,x_2 + 0.510\,x_3$$

の推定回帰式が得られますが,自由度調整済み寄与率は $R^{*2}=79.9\%$ と

表 4.9 標本相関行列

	x_1	x_2	x_3	y
x_1	1.000			
x_2	0.786	1.000		
x_3	0.686	0.472	1.000	
y	0.800	0.762	0.788	1.000

少しだけ低下しています．

4.2.2　パス解析によるデータ解析

　製造現場のオペレーターに結果を報告すると，変数選択を行った回帰式では工程を制御できないため，全変数を取り込んだ回帰式のほうがありがたいとの回答です．そこで，オペレーターに日頃の制御方式をうかがうと，原料ロットからサンプリングした樹脂原料の純度(x_1)に応じて，反応促進剤の添加量(x_2)と加熱炉における熱量(x_3)を調節しているということがわかりました．

　この様子を，パスダイヤグラムで表現すると，図4.2のようになっています．また，統計モデルで説明すると，回帰式が
$$y = \beta_0 + \beta_1 x_1 + \beta_2 x_2 + \beta_3 x_3 + e$$
であるのに対して，
$$x_2 = \gamma_{20} + \gamma_{21} x_1 + e_{21}$$
$$x_3 = \gamma_{30} + \gamma_{31} x_1 + e_{31}$$
$$y = \gamma_0 + \gamma_{y2} x_2 + \gamma_{y3} x_3 + e_y$$
と表現できます．このパスダイヤグラムを考慮したモデルはパスモデルと呼ばれ，その解析法はパス解析法と呼ばれます．

　実際，図4.2のパスダイヤグラムを反映したパスモデルによる解析を行うと，図4.3のような結果が得られます．

　図4.3の変数 x_2 と x_3 および y へ矢線の入っている e_{21}, e_{31}, e_y は，それぞれの標準化された回帰残差を表し，その数値は標準偏差を表しま

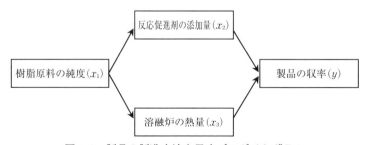

図4.2　製品の製造方法を示すパスダイヤグラム

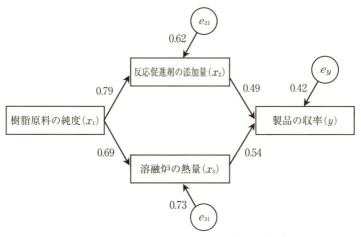

図 4.3　パス解析によるパスダイヤグラム(標準解)

す．このパスモデルの適合度を表す χ^2 値 1.119(自由度 $\phi=2$)に対する確率 $Pr(1.119 \leq \chi^2)$ は 0.571 であるため，このモデルはデータに対して非常によく適合しているといえます．

　この結果は，樹脂原料の純度(x_1)に応じて調整している反応促進剤の添加量(x_2)と加熱炉の熱量(x_3)の調整の仕方を変更することで，製品の収率を向上できる可能性があるということを意味しています．

　この事例は，製造工程における製造条件を目的変数(y)，考えられる要因を説明変数と考えた回帰分析を適用するのではなく，製造工程の製造方法を考慮した図 4.2 のようなパスダイヤグラムを用いたパス解析を行う必要のあることを示唆しています．

4.3　QC サークル活性化の重要要因探索

　筆者が QC サークル本部内の近畿支部世話人を務めていた頃，支部幹事会で，「QC サークル活性化のために支部として何をすればよいのか？」という議論がありました．その頃，某社の実務スタッフ改善指導会においても「QC サークル活性化の施策探索」が改善テーマに取り上げられ，他社においても「QC サークル活動の評価特性は何か？」とい

うテーマでサークル推進本部が研究活動をスタートさせていました．両社における実践事例を通じて，筆者としても，「QCサークル活動の現状を理解する」という目的で研究活動をスタートすることになり，以下のような活動を行いました．

4.3.1　アンケート項目の作り方

　企業内におけるQCサークル活動の実態を調査・研究するためには，いくつかのアプローチがあると思われますが，ここでは，近畿支部内の幹事会社にお願いしたアンケート調査を行うことにしました．

(1)　親和図による仮説の生成

　アンケート調査を行うためには，「その調査によってどのようなことを知りたいか」ということを仮説として生成する必要があります．そのための事前情報抽出法として，「あなた(たち)のQCサークル活動のあるべき姿とは何でしょう」ということを支部幹事のみなさんに直接質問して得られた言語データから親和図を作成することにしました．

　その結果，「上司の支援が機能している」，「サークル活動に全員が参加している」，「サークル活動を継続的・計画的に実施している」ということが重要であり，結果として「職場が活性化している」ということが重要であるという結論に達しました(図4.4)．

(2)　アンケートの聞き方

　アンケート調査において難しいのは，「どのように聞くか？」という

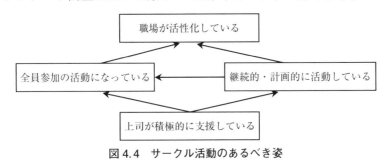

図4.4　サークル活動のあるべき姿

ことです．「職長，工長などの直接上司は，あなた(たち)のサークル活動に関心がありますか」や「あなた(たち)のサークル活動には，全員が参加していますか」などの質問項目を設定することが考えられます．しかし，このアンケート項目では，アンケートに回答する人によって原点が異なるため，同じサークル内のメンバーであっても，同じ質問項目に対して大きく異なる結果を回答する可能性があります．そこで，「職長や工長などの直接上司は，あなた(たち)のサークル活動に対して，昨年度よりも関心をもってきていますか」というように，対前年度比較を行う方式を採用しました．

(3) 質問項目

以上の準備を経て，具体的なアンケート項目として，以下の10項目を作成しました．

- **上司の支援に関する項目**
  ① 上司は活動テーマの選定に対して前年度よりも関心を示していますか．
  ② 上司は会合のあり方に対して前年度よりも積極的にコメントしていますか．
  ③ 上司はサークル活動の推進状況を前年度よりも知りたがっていますか．

- **QCサークルの基礎能力に関する項目**
  ④ あなたのサークル活動の運営の仕方は前年度よりも工夫されていますか．
  ⑤ QC手法の使い方と活動結果のまとめ方は前年度よりも向上していますか．
  ⑥ 改善のための知識・技能向上への意欲は前年度よりも向上していますか．

- **職場の活気に関する項目**
  ⑦ サークルにおける人間関係とチームワークは前年度よりも向上していますか．

⑧ 上司・スタッフ・関連部署との連携は前年度よりも活性化していますか．

⑨ 職場の 5S とルールを守るという意識は前年度よりも向上していますか．

- 改善効果に関する項目

⑩ あなたの活動している職場では，品質・原価・納期・安全などの指標が前年度よりも向上していますか．

4.3.2 調査と回答結果

上記で設定した①〜⑨の質問項目を $x_1, x_2, \cdots, x_9$ とし，⑩の質問項目を y として，幹事の所属する各社の複数サークルに回答をお願いしました．その際，回答は 5 段階回答方式とすることとし，サークルリーダーとメンバーの全員にお願いしたうえで，サークルごとの平均点を報告していただくことにしました．

得られた回答結果を用いてデータ解析を行うことになるのですが，ここでの関心は，図 4.4 の因果構造や相関構造にあるため，必要な情報として，質問項目間の相関行列を計算することにしました．実際，100 サークルから得られたデータによる標本相関行列は，表 4.10 のようになります．

表 4.10 アンケートによる標本相関行列

	x_1	x_2	x_3	x_4	x_5	x_6	x_7	x_8	x_9	y
x_1	1.000									
x_2	0.637	1.000								
x_3	0.657	0.586	1.000							
x_4	0.353	0.299	0.298	1.000						
x_5	0.388	0.443	0.373	0.742	1.000					
x_6	0.376	0.409	0.323	0.720	0.750	1.000				
x_7	0.203	0.352	0.229	0.040	0.218	0.012	1.000			
x_8	0.293	0.342	0.278	0.038	0.128	0.004	0.512	1.000		
x_9	0.305	0.302	0.387	0.047	0.246	0.123	0.527	0.537	1.000	
y	0.499	0.574	0.526	0.616	0.733	0.636	0.518	0.510	0.549	1.000

4.3.3 主成分分析によるデータ解析

表 4.10 の相関行列から，質問項目 $x_1, x_2, \cdots, x_9$ の間に潜む相関関係を用いて，QC サークル活動の推進にとって，図 4.4 から導き出された 3 個の総合特性,「上司の支援」,「基礎的能力」,「職場の活気」が抽出されるかどうかを知る手法として，主成分分析法があります．

主成分分析法の詳しい内容は，専門書に譲るとして，例えば，中学生の身長，体重，胸囲，座高を測定し，それらのデータを平均 0，分散 1 となるように標準化したときに得られる総合特性が

$$z_1 = 0.5x_1 + 0.5x_2 + 0.5x_3 + 0.5x_4$$
$$z_2 = 0.5x_1 - 0.5x_2 - 0.5x_3 + 0.5x_4$$

になったとすれば，総合特性 z_1 は体格 (身体の大きさ) を表し，z_2 は体型 (身体のかたち) を表すと考えられます．

さて，表 4.10 を用いて主成分分析を実施すると，次の 3 個の主成分 (これらの係数は，相関行列の固有ベクトルになっています) が得られます．

$$z_1 = 0.38x_1 + 0.39x_2 + 0.37x_3 + 0.33x_4 + 0.39x_5 + 0.35x_6$$
$$+ 0.23x_7 + 0.24x_8 + 0.27x_9$$
$$z_2 = 0.03x_1 + 0.08x_2 + 0.08x_3 - 0.42x_4 - 0.30x_5 - 0.41x_6$$
$$+ 0.43x_7 + 0.46x_8 + 0.41x_9$$
$$z_3 = 0.48x_1 + 0.32x_2 + 0.46x_3 - 0.26x_4 - 0.32x_5 - 0.19x_6$$
$$- 0.38x_7 - 0.21x_8 - 0.25x_9$$

それぞれの主成分の寄与率は約 43%, 22%, 11% で，累積寄与率は約 76% となっています．第 1 主成分は身体測定における体格に相当する内容であって，「基礎的能力」とでも表現できるでしょう．しかし，第 2 主成分は x_4, x_5, x_6 の係数がマイナス，x_7, x_8, x_9 の係数がプラスになっていること，第 3 主成分は各変数の符号が複雑に異なっていることなどから，図 4.4 で生成した仮説を確認できたとはいえないため，このままでは解釈に苦しむことになってしまいます．

4.3.4 因子分析によるデータ解析

主成分分析による解析結果が図4.4の仮説を反映していなかったため,係数行列(これを「因子負荷行列」ともいう)の直交回転(座標軸の回転)を行いたくなるのですが,その機能をもっている手法として因子分析法があるため,ここでは,因子間に相関のある斜交因子分析モデル(「検証的因子分析モデル」ともいいます)を適用することにします.

(1) 潜在因子の解析

その結果,最尤法で求めた因子負荷行列の基準バリマックス回転後の因子負荷行列は,表4.11のようになります.

この結果から,第1因子は「上司の支援」を表し,第2因子は「基礎的能力」を,第3因子は「職場の活気」を表していると理解することができます.すなわち,図4.4の仮説を裏付けることができました.

なお,3個の潜在因子(「共通因子」ともいう)の間には,表4.12に示すように相関関係があることも明らかになりました.

以上をグラフィックに表現すると,図4.5のようになります.

(2) 因子回帰による因果関係の解析

QCサークル活動を活性化するためには,図4.4から仮定した3個の潜在因子が関係しているであろうことは明らかになります.しかし,こ

表4.11 最尤法による因子負荷行列

	x_1	x_2	x_3	x_4	x_5	x_6	x_7	x_8	x_9
f_1	0.82	0.64	0.70	0.19	0.20	0.25	0.09	0.23	0.22
f_2	0.23	0.29	0.21	0.82	0.87	0.82	0.05	−0.03	0.07
f_3	0.16	0.31	0.24	−0.03	0.20	−0.03	0.76	0.66	0.69

表4.12 因子間の相関行列

	f_1	f_2	f_3
f_1	1.000		
f_2	0.538	1.000	
f_3	0.519	0.172	1.000

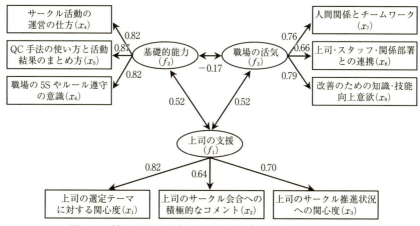

図 4.5　検証的因子分析によるパスダイヤグラム(標準解)

れらの因子がQCサークル活動のねらっている職場の活性化に対して，どのように関係しているのかを明らかにする必要があります．そこで，因子分析の結果として得られた潜在因子 f_1, f_2, f_3 に対する100サークルのスコア(「因子得点」という)を説明変数として計算し，各サークルの「QCDSの成果(y)」を目的変数とした回帰分析を行ってみることにします．

その結果，自由度調整済み寄与率 R^{*2} が83%の回帰式

$$y = 0.50 f_1 + 0.12 f_2 + 0.60 f_3$$

を得ることができました．すなわち，「QCDSの成果」には，「上司の支援」，「基礎的能力」，「職場の活気」が影響していることが明らかとなります．

4.3.5　線形構造方程式モデルによるデータ解析

ここまでのデータ解析の結果を1つの統計モデルによって総合的に解析する方法として，心理学の分野で研究が進められた線形構造方程式モデル(「SEM」ともいう)があります．

SEMを用いて，表4.10の標本相関行列を解析すると，図4.6のようなパスダイヤグラムを得ることができます．

この図4.6を見ると，「上司の支援」が「QCDSの成果」に及ぼす総

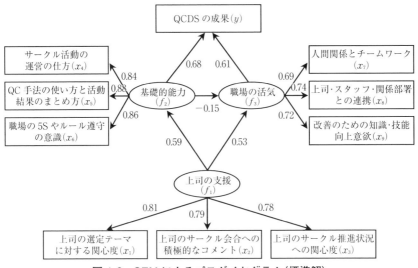

図 4.6　SEM によるパスダイヤグラム（標準解）

合効果は，$0.59 \times 0.68 + 0.59 \times (-0.15) \times 0.61 + 0.53 \times 0.61 = 0.67$ であり，「基礎的能力」が「QCDS の成果」に及ぼす総合効果は，$0.68 + (-0.15) \times 0.61 = 0.59$ であることがわかります．したがって，QC サークル活動を通じた「QCDS の成果」を向上させるためには，「基礎的能力」を高めることと，「職場の活気」を向上させることが重要であり，それらを実現するためには，「上司の適切な支援」が不可欠であることが明らかです．

この方法の数理的な理解には，高度な専門知識が必要となるため，品質管理をはじめとする工学の分野における適用事例は多くないと思いますが，近年では，近藤[23]のような優れた適用事例も発表されるようになっています．

4.4　試作試験における不良要因の分析

某社では，自動販売機の冷熱ヒートポンプに用いられる重要部品を製造しています．しかし，その部品のコスト低減を目的とした小型化，軽量化を実現すると同時に，騒音レベルを飛躍的に向上した新製品を開発

4.4 試作試験における不良要因の分析

して，量産試作を行ったところ，壁面摩擦による部品割れという機能不具合が発生してしまいました．

不具合部品の耐久試験による割れ不具合と関係する部分の応力を測定できれば，設計パラメータや誤差因子を取り込んだ実験計画法とCAE解析法を融合したデータ解析が実施できます．しかし，連続運転による繰返しストレス量と応力の関係を測定することは容易でなく，応力測定のために部品表面に取り付けるパッチの貼り方によっても応力値が変化するため，実施は困難であることがわかっています．

そのため，これまでの設計試作や量産試作における定時打ち切り試験で用いられた設計パラメータの設定値と割れの有無という0・1データのみを用いた要因解析を行うこととします．

このような目的を実現するためには，設計パラメータ $x_1, x_2, \cdots, x_p$ に対して，

$$L(x_1, x_2, \cdots, x_p) = \beta_0 + \beta_1 x_1 + \beta_2 x_2 + \cdots + \beta_p x_p$$

という線形判別モデルを設定し，この値がプラスであれば良品，マイナスであれば不良品と判別する判別分析法を適用することができます．それは，$p=2$ 変数の場合であれば，図4.7における良品群と不良品群を判別するための境界線を求めることに相当します．

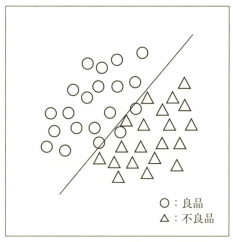

図4.7　判別分析法のイメージ図

4.4.1　2群の線形判別

ここでは，4個の設計パラメータ X_1, X_2, X_3, X_4 を取り上げた判別分析を行うこととして，表4.13に示す $n_1=20$ 個の良品データと $n_2=15$ 個の不良データを対象として，2群判別分析を行うことにします．

判別分析法の詳細な説明は専門書に譲るとして，結果的に得られる線形判別関数は，第 $k(=1, 2)$ 群における標本平均ベクトルを

$$\bar{x}^{(k)} = \left(\frac{1}{n_k}\sum_{i=1}^{n_k} x_{i1}^{(k)}, \frac{1}{n_k}\sum_{i=1}^{n_k} x_{2j}^{(k)}, \cdots, \frac{1}{n_k}\sum_{j=1}^{n_k} x_{pj}^{(k)}\right)$$

とし，全体の平均ベクトルを

$$\bar{x} = \frac{n_1 \bar{x}^{(1)} + n_2 \bar{x}^{(2)}}{n_1 + n_2}$$

として，各群において計算された偏差積和平方和行列 S_1, S_2 から

$$V = \frac{S_1 + S_2}{n_1 + n_2 - 2}$$

表4.13　試作品のデータ

No.	良品(非破壊品)				No.	不良品(破壊品)			
	X_1	X_2	X_3	X_4		X_1	X_2	X_3	X_4
1	16.3	26.2	21.0	29.7	1	25.9	36.0	16.8	28.1
2	31.7	32.4	30.5	32.0	2	37.6	39.6	21.6	40.2
3	18.4	32.5	25.0	46.8	3	20.3	38.6	20.0	35.9
4	15.2	29.0	28.2	30.6	4	15.2	30.4	16.9	26.8
5	10.8	25.1	24.6	37.5	5	23.4	40.0	26.0	42.8
6	17.6	26.7	27.9	34.8	6	29.5	37.5	24.2	36.6
7	18.5	30.0	30.7	38.3	7	19.7	33.5	22.1	40.7
8	20.1	25.4	21.5	28.9	8	20.8	39.0	21.6	30.5
9	11.3	27.0	24.7	33.1	9	17.1	31.6	20.3	34.4
10	28.5	35.3	33.0	43.8	10	28.4	32.5	16.2	33.2
11	29.6	32.9	28.4	37.6	11	22.5	36.5	21.2	38.6
12	25.1	35.3	25.6	39.9	12	25.0	34.2	18.5	32.3
13	21.7	29.6	23.4	32.5	13	26.5	40.8	23.5	45.0
14	26.8	30.1	25.8	41.3	14	28.6	35.5	19.5	44.7
15	21.4	32.4	27.4	38.6	15	16.6	35.4	23.5	28.0
16	12.8	29.3	26.4	34.6					
17	17.0	30.7	23.5	35.0					
18	15.5	30.2	26.4	38.2					
19	20.9	27.9	25.0	36.5					
20	19.0	33.3	23.6	39.7					

4.4 試作試験における不良要因の分析

として計算される分散行列を用いると，$x=(x_1, x_2, ..., x_p)$に対して，
$$L(x) = (x-\bar{x})'V^{-1}(\bar{x}^{(1)}-\bar{x}^{(2)})$$
として与えられます．表 4.1 のデータから線形判別関数を計算すると，
$$L(x) = 13.11+0.13x_1-1.65x_2+1.34x_3+0.20x_4$$
が得られます．この線形判別関数による判別の結果は，表 4.14 のようになり，全体としての誤判別率は 8.6% であることになります．

一方，$F_{in}=F_{out}=2.0$ とした変数増減法による判別分析を行うと，判別関数
$$L(x)=12.13-1.35x_2+1.38x_3$$
が得られ，表 4.14 と同じ判別結果になりました．この結果を図 4.7 のような散布図で表現すると，図 4.8 のようになっています．

この場合には，図 4.8 からわかるように，良品を不良品と判別するケ

表 4.14 判別分析の結果

		判別結果		
		良品	不良品	小計
観測値	良品	20	0	20
	不良品	0	15	15
	小計	20	15	35

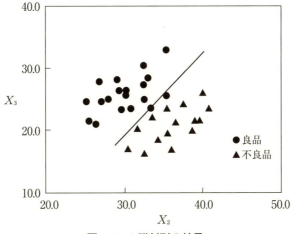

図 4.8 2 群判別の結果

第4章　多変量データ解析法の活用

ースが1件あるため，正判別率は100%にはならないのですが，制御すべき設計変数が少なくなっているということ，不良品を良品と誤判別する訳ではないことから，考慮すべき事実ではないかと思われます．

4.4.2　ロジット回帰

表4.13の2群データに基づいて，良品と不良品を判別する方法には，良品率 p に対して，

$$\log\left(\frac{p}{1-p}\right) = \alpha + \gamma_1 x_1 + \gamma_2 x_2 + \cdots + \gamma_p x_p$$

すなわち，

$$p = \frac{\exp(\alpha + \gamma_1 x_1 + \gamma_2 x_2 + \cdots + \gamma_p x_p)}{1 + \exp(\alpha + \gamma_1 x_1 + \gamma_2 x_2 + \cdots + \gamma_p x_p)}$$

のモデルを想定するデータ解析法もあり，ロジット回帰分析法とかロジット分析法と呼ばれます．

表4.1のデータに対して，変数選択をともなうロジット回帰分析を行うと，対数ロジットは

$$\log\left(\frac{p}{1-p}\right) = 2.62 - 0.29 x_2 + 0.29 x_3$$

と推定され，表4.14と同じ判別結果が得られます．線形判別分析では，良品を不良品と誤判別していたのですが，ロジット回帰の場合には，100%正しく判別できています．

4.4.3　プロビット回帰

表4.13の2群データに基づいて，良品と不良品を判別する方法には，この他に，良品率 p に対して，標準正規分布の累積分布関数 $\Phi()$ を使って，

$$p = \Phi(\alpha + \gamma_1 x_1 + \gamma_2 x_2 + \cdots + \gamma_p x_p)$$

のモデルを想定するデータ解析法もあり，プロビット回帰分析法あるいはプロビット分析法と呼ばれます．

表4.13のデータに対して，変数選択をともなうプロビット回帰分析

を行うと，良品確率 p は
$$p = 3.25 - 0.29x_2 + 0.28x_3$$
と推定され，ロジット回帰と同様，100% 正しく判別できています．

おわりに

　本書では，QC 七つ道具，統計的検定と推定，分散分析，信頼性工学，実験計画法および多変量解析法に代表される QC 手法を活用することで，私たちが直面する問題を効果的かつ効率的に解決することができるという事例を紹介してきました．

　これらの手法に対する基礎から応用までを扱った書籍は数多く出版されていますが，それらの書籍では，取り扱う手法が中心となり，問題解決のための組合せ活用という重要な視点が十分でなく，実践事例に遭遇する読者にすれば何か物足りなさを感じていたのではないでしょうか．

　また，これまでの書籍では，その数理面や手続きに重点が置かれ，手法活用によって問題を華麗に解決することのうれしさを感じるといった面でも物足りなさを感じていたのではないでしょうか．

　本書では，それぞれの手法に関する詳細を他書に譲ることによって，「QC 手法が問題解決にどのように活用できるか」という点に力点をおき，紙数の許す限りの事例を紹介することで，QC 手法活用のうれしさを知っていただくことを心がけて執筆しました．

　ただし，冒頭でお断りしたとおり，本書で取り上げた事例は実践事例そのものではなく，何か怪しいという印象が残ったとすれば筆者の力量不足であったとお詫びすることになります．本書が，読者のみなさまにとって，QC 手法活用のうれしさへの理解に役立ったとすれば，著者としてこの上ない喜びです．

参考文献

［1］　飯塚悦功，金子龍三：『原因分析—構造モデルベース分析術—』，日科技連出版社，2012 年．
［2］　飯塚悦功：『品質管理特別講義　基礎編』，日科技連出版社，2013 年．
［3］　飯塚悦功：『品質管理特別講義　運営編』，日科技連出版社，2013 年．
［4］　猪原正守：『問題解決法—問題の発見と解決を通じた組織能力構築』(JSQC 選書)，日本規格協会，2011 年．
［5］　猪原正守：『新 QC 七つ道具の基本と活用』(はじめて学ぶシリーズ)，日科技連出版社，2011 年．
［6］　猪原正守：『問題解決における「ばらつき」とのつきあい方を学ぶ』，日科技連出版社，2013 年．
［7］　石川馨：『品質管理入門』，日科技連出版社，1989 年．
［8］　朝香鐵一：『経営革新と TQC』，日本規格協会，1991 年．
［9］　谷津進：『TQC における問題解決の進め方』，日本規格協会，1986 年．
［10］　谷津進：『品質管理の実際』(日経文庫)，日本経済新聞社，1995 年．
［11］　山田秀：『TQM　品質管理入門』(日経文庫)，日本経済新聞社，2006 年．
［12］　太田一樹：『現在のマーケティング・マネジメント—理論とケース分析』，晃洋書房，2004 年．
［13］　トヨタグループ TQM 連絡会委員会　QC サークル分科会 編：『QC サークルリーダーのためのレベル把握ガイドブック』，日科技連出版社，2005 年．
［14］　立林和夫 他：『入門 MT システム』，日科技連出版社，2008 年．
［15］　荒木孝治 他：『R と R コマンダーではじめる実験計画法』，日科技連出版社，2010 年．
［16］　楠正 他：『応用実験計画法』，日科技連出版社，1995 年．
［17］　永田靖：『入門 実験計画法』，日科技連出版社，2000 年．
［18］　荒木孝治 他：『R と R コマンダーではじめる多変量解析』，日科技連出版社，2007 年．
［19］　奥野忠一 他：『(改訂版)多変量解析法』，日科技連出版社，1981 年．
［20］　狩野裕，三浦麻子：『グラフィカル多変量解析—AMOS, EQS, CALIS による目で見る共分散構造分析』，現代数学社，2002 年．
［21］　永田靖，棟近雅彦：『多変量解析法入門』(ライブラリ新数学体系)，サイエンス社，2001 年．
［22］　水野滋 監修，QC 手法部会 編：『全社的品質管理推進のための管理者スタッフの新 QC 七つ道具』，日科技連出版社，1981 年，pp. 29-30．
［23］　近藤拓：「工業分野での構造方程式モデリングによる複雑な因果構造の解明」，『品質』，2015 年，Vo. 44, No. 4, pp. 14-18．

索　引

【A–Z】
CAID　　5, 7
CBM　　26
CFR　　27
CL　　17
DFR　　27
IFR　　27
LCL　　17, 20, 23
MT距離　　58
MTシステム　　55
OEE　　25
pー管理図　　18, 20, 25
QCサークル活動　　3
QC七つ道具　　3
SEM　　95, 111, 112
SN比　　86, 87
TQM　　3
t分布　　33
UCL　　17, 20, 23
$\bar{X}-R$管理図　　13, 44, 45

【あ行】
アンケート　　106, 107
一元配置分散分析　　70
因果関係の分析　　110
因子回帰　　110
因子得点　　111
因子負荷行列　　110

因子分析　　95, 110
応答局面法　　69

【か行】
回帰残差　　78
回帰分析　　13, 50, 66
　──法　　82
下部管理限界　　17, 23
感度　　86, 87
管理図　　3, 17, 18
管理外れの点　　19
共通因子　　110
共分散構造分析　　95
共分散分析　　73, 76, 74
共変量　　74, 75
偶発故障期　　27
グラフ　　3
計算補助表　　96, 97, 98
検証的因子分析　　111
　──モデル　　110
公差設計　　33
固有ベクトル　　40, 41

【さ行】
最尤法　　110
差の分散　　35
三元配置実験　　54
残差分析　　52, 83

123

索 引

散布図　3, 13, 14, 25, 26, 27, 38,
　　42, 51, 52, 53, 54, 56, 65, 75, 82,
　　83, 84
実験計画法　63
斜行交因子分析モデル　110
自由度調整済み寄与率　13
主成分　39
　──得点　41, 42
　──分析　38, 39, 95, 109
小集団活動　3
状態監視保全　26
上部管理限界　17, 23
初期故障期　27
信頼区間　36
信頼率　36, 37
親和図　106
推移グラフ　17, 24, 25
推定　49
数量化Ⅲ類　95
正規分布　32
設備故障　27
設備総合効率　25
線形構造方程式モデル　95, 111
線形判別　114
　──関数　115
　──分析法　60
潜在因子　110
相関行列　40
相関分析　64
層別　9, 12, 19
　──管理図　45

【た行】

多重クロス分析法　6
多変量データ解析法　95
チェックシート　3
中心線　17
直積法　85
直交表　63, 78, 88
点推定値　77
統計的データ解析法　95
特性要因図　3

【な行】

二元配置実験　67, 70
二元配置分散分析　64, 73
二元表　92

【は行】

パス解析　103, 104
パスダイヤグラム　104, 111, 112
パレート図　3, 4, 17
範囲 R　47, 48
判別関数　57
判別分析　57, 95
　──法　113
ヒストグラム　3, 9, 10, 12, 22, 42,
　　43
ビッグデータ解析法　5, 95
標本相関行列　103, 108
品質表　98, 99
不偏分散　33
プロビット回帰　116

――分析法　116
プロビット分析　95
　　――法　116
分割法　90
分散分析　69, 70, 88, 91
　　――表　47, 49, 52, 53, 69, 71,
　　74, 76, 81, 86, 87, 89, 91
偏相関関係　66
補助計算表　80

【ま行】
マトリックス図　95, 96
マトリックス・データ　102
マハラノビス距離　58

マハラノビス・タグチの距離　58
摩耗故障期　27
メジアン法　26

【ら行】
乱塊法　70
レーダーチャート　38
ロジスティック分析　95
ロジット回帰　116

【わ行】
ワイブル解析　26
ワイブル確率紙　27
和の分散　34

著者紹介

猪原正守（いはら　まさもり）

　1986 年大阪大学大学院基礎工学研究科博士課程終了，工学博士取得．

　1986 年大阪電気通信大学工学部経営工学科講師，1989 年同助教授を経て，1996 年より情報工学部（現情報通信工学部）情報工学科教授．主な研究分野は，多変量解析，SQC，TQM．

　主著に『TQM—21 世紀の総合「質」経営』（共著，日科技連出版社，1998 年），『共分散構造分析（事例編）』（共著，北大路書房，1998 年），『経営課題改善実践マニュアル』（共著，日本規格協会，2003 年），『JUSE-StatWorks による新 QC 七つ道具』（日科技連出版社，2007 年），『新 QC 七つ道具入門』（日科技連出版社，2009 年），『問題解決における「ばらつき」とのつきあい方を学ぶ』（日科技連出版社，2013 年），『新 QC 七つ道具の企業への新たな展開』（日科技連出版社，2015 年），『新 QC 七つ道具活用術』（共著，日科技連出版社，2015 年）などがある．

問題解決のための QC 手法の組合せ活用

2016 年 4 月 27 日　第 1 刷発行

著　者　猪　原　正　守
発行人　田　中　　　健

検印省略

発行所　株式会社　日科技連出版社
〒 151-0051　東京都渋谷区千駄ヶ谷 5-15-5
　　　　　　DS ビル
　　　電　話　出版 03-5379-1244
　　　　　　　営業 03-5379-1238

印刷・製本　株式会社三秀舎

Printed in Japan

©Masamori Ihara 2016
ISBN978-4-8171-9574-6
URL　http://www.juse-p.co.jp/

本書の全部または一部を無断で複製（コピー）することは，著作権法上の例外を除き，禁じられています．